公　　式

複素数の性質　$c = a + ib$（a, b は実数）のとき
$$\bar{c} = a - ib, \quad |c| = \sqrt{a^2 + b^2} = \sqrt{c \cdot \bar{c}}$$

ド・モアブルの公式　$(\cos\theta + i\sin\theta)^n = \cos n\theta + i\sin n\theta$　（n は整数）

$z^n = a$（n は自然数）の根は $a = r(\cos\theta + i\sin\theta)$ とするとき
$$z = \sqrt[n]{r}\left(\cos\frac{\theta + 2k\pi}{n} + i\sin\frac{\theta + 2k\pi}{n}\right) \quad (k = 0, \ldots, n-1)$$

コーシー・リーマンの方程式　$f(z) = u(x, y) + iv(x, y)$ が $z_0 = x_0 + iy_0$ で正則なら
$$u_x(x_0, y_0) = v_y(x_0, y_0), \quad u_y(x_0, y_0) = -v_x(x_0, y_0)$$
このとき $f'(z_0) = u_x(x_0, y_0) + iv_x(x_0, y_0) = \dfrac{1}{i}(u_y(x_0, y_0) + iv_y(x_0, y_0))$

特別な 1 次関数

$w = c\dfrac{z - a}{1 - \bar{a}z}$　（$|c| = 1$, $|a| \neq 1$）は単位円を単位円にうつす

$w = c\dfrac{z - a}{z - \bar{a}}$　（$|c| = 1$, $\mathrm{Im}\, a \neq 0$）は実軸を単位円へうつす

初等関数

$e^z = 1 + \dfrac{z}{1!} + \dfrac{z^2}{2!} + \cdots\cdots$

$e^{i\theta} = \cos\theta + i\sin\theta$　（オイラーの公式）

$\sin z = \dfrac{e^{iz} - e^{-iz}}{2i}, \quad \cos z = \dfrac{e^{iz} + e^{-iz}}{2}$

コーシーの積分定理

（単一）閉曲線 C の内部を D とする．$f(z)$ が C と D のすべての点で正則ならば
$$\int_C f(z)\, dz = 0$$

コーシーの積分公式　$f(z)$ が領域 D で正則とする．C が D 内の閉曲線で内部も D に含まれるならば，C の内部の点 a に対して
$$f(a) = \frac{1}{2\pi i}\int_C \frac{f(z)}{z - a}\, dz$$

さらに $f(z)$ は a で何回でも微分可能で
$$f^{(n)}(a) = \frac{n!}{2\pi i}\int_C \frac{f(z)}{(z - a)^{n+1}}\, dz$$

新・演習数学ライブラリ＝4

演習と応用
関 数 論

寺田文行・田中純一 共著

サイエンス社

サイエンス社のホームページのご案内
http://www.saiensu.co.jp
ご意見・ご要望は　rikei@saiensu.co.jp　まで.

まえがき

本書の理念と目的

（ⅰ）**活用できる数学**　数学は科学の基礎として不可欠のものであります．しかしながら，その真の活用をはかるためには，単に理論を学ぶだけではなく，適当な具体例による反復履修が望まれます．演習書の重要な役割がここにあります．

（ⅱ）**基礎を厳選**　真の活用をはかるのであれば，まず重要なことは内容の選択であります．それには，興味本位の特殊問題ではなく，真の応用に通じる基礎的なものの厳選ということが望まれます．演習書によっては，数学を専攻する者でも，生涯ほとんど必要としないテクニックを楽しむ問題を掲載しています．そのような特殊な問題を楽しむことの良さを否定はしませんが，一般の理工系の学生諸君は，まず将来の応用上の基礎となる数学を定着させて欲しいのです．本書のねらいはそこにあります．

（ⅲ）**学期末の試験に向けて**　つぎは目標を目先に転じてみましょう．基礎数学の講義では，差し当たり応用上必要とする内容であることが多く，学期末の試験もそれに沿ったものでありましょう．そこで，（ⅰ），（ⅱ）のような配慮の元で，内容のレベルを試験のレベルに置きました．すなわち，かつて著者ら自らが，また現在友人の教授達が期末試験で取り上げるような問題を標準に取り上げたわけです．演習書は学習に弾みをつけるものでありたいです．

（ⅳ）**高校のカリキュラムに接続**　言うまでもなく，大学の理工系で一般に取り扱う数学は，高校の数学カリキュラムに接続したものでなくてはなりません．しかし，講義内容に，ちょっとした気遣いを欠いたり，接続の仕方を誤ったりしますと，学生としては高校の数学と大学の数学に大変なギャップがあるものと錯覚して，学習の意欲を欠くこともあり得るのです．それを助けるのも演習書の役目です．

本書の利用について

関数論は，理論数学とくに解析学の深淵を探る理論として，過去 2 世紀にわたり完成された数学の分野であります．それが関わる分野といえば，純粋数学の諸分野は別にして，理工系の数学の基礎である微分方程式・電気通信の数学的な理論・力学分野というように多方面に渡っています．そのような重要な基礎でありますが，たとえば"コーシーの定理"を導くときのように，大学初年級には，理論展開が長すぎるため，

まえがき

学習の継続意欲を喪失することもないとは言えません．そんなときに，もっと高校数学の展開に近い具体的に分かりやすいコーチ・役に立つまとめ・問題解決法などを希望することもあるでしょう．そのようなときには，本書を頼りにして下さい．

また大学生諸君のなかには，高校数学の全課程を履修しないままに理工系の進学をしている場合もあります．また大学入試で要求されない範囲は学習も薄くなり，大学に進学してはじめて「コマッタ」と言っている方もあるでしょう．本書はそのような高校数学との接続を十分に考慮しています．

君は理工系の大学生です．情報化の時代とはいえ，数学を見て学ぶだけでは役に立つ力は育ちません．例題の後に続く問題は，必ず自分で解決して，内容を納得するようにして下さい．それが君の専門分野において，数学が役に立つようになるただ一つの方法です．

最後に，本書の作成に当たり，終始ご尽力いただいた編集部の田島伸彦氏と伊崎修通氏に心からの感謝を捧げます．

寺田　文行
田中　純一

目　　　次

第1章　複素数と複素関数　　　1

- **1.1** 複素数と複素数平面 ······················ 1
  複素数の計算と共役数　3乗根　共役数と方程式　回転の応用　実数となる条件　z^k の実部と虚部
- **1.2** 数列と級数 ······························ 9
  数列の極限　無限級数の収束と発散　コーシーの判定法
- **1.3** 点　集　合 ······························ 14
  複素数平面上の軌跡　複素数平面上の軌跡　立体射影の座標
- **1.4** 複　素　関　数 ···························· 19
  複素平面の写像の例　関数の極限

第2章　正　則　関　数　　　24

- **2.1** 複素関数の微分 ·························· 24
  正則性の判定　共役調和関数　調和関数　極座標による C–R 方程式
- **2.2** 写像の等角性 ···························· 30
  写像 $w = z^2$　写像 $w = z + \frac{1}{z}$
- **2.3** 1　次　関　数 ···························· 33
  1次関数の決定 (1)　1次関数の決定 (2)　特別な写像

第3章　整級数と初等関数　　　39

- **3.1** 整　級　数 ······························ 39
  収束半径の決定　項別微分の応用
- **3.2** 指数関数と三角関数 ······················ 44
  e^z の性質 (定理 7)　指数・三角方程式　$w = \cos z$ による写像
- **3.3** 対数関数と累乗関数 ······················ 49
  対数関数等の値　無理関数による写像

第4章　複素積分とコーシーの積分定理　　　53

iv　目次

- **4.1** 複素積分 53
  複素積分の定義の確かめ　複素積分の基本性質　例題 6 の準備
- **4.2** コーシーの積分定理 58
  コーシーの定理の利用　複素積分の基本性質　複素積分の実積分への利用 (1)

第 5 章　正則関数の積分表示　　　　　　　　　　　　　　63

- **5.1** 正則関数の諸定理 63
  コーシーの積分公式の利用　複素積分の実積分への利用 (2)　代数学の基本定理の証明　シュヴァルツの定理の応用
- **5.2** テーラー展開 69
  テーラー展開　零点の位数　リウヴィルの定理の一般化　一致の定理と解析接続の具体例

第 6 章　有理型関数　　　　　　　　　　　　　　　　　　76

- **6.1** ローラン展開 76
  ローラン展開　孤立特異点の種類　ベルヌイの数
- **6.2** 無限遠点での正則性と特異点 81
  無限遠点における状態
- **6.3** 留　　数 83
  留数の計算法　留数を利用した積分値
- **6.4** 実積分への応用 86
  実積分への応用　実無限積分への応用例 (1)　実無限積分への応用例 (2)　実無限積分への応用例 (3)
- **6.5** 偏角の原理 92
  ルーシェの定理の利用　零点の個数　ルーシェの定理の応用

第 7 章　等角写像　　　　　　　　　　　　　　　　　　　97

- **7.1** 等角写像の例 97
  等角写像の例　等角な写像の決定 (1)　等角な写像の決定 (2)
- **7.2** 調和関数と等角写像 102
  調和関数の性質　調和関数の決定

問 題 解 答　　　　　　　　　　　　　　　　　　　　　106

- 第 1 章の解答 106

目 次

第 2 章の解答 113
第 3 章の解答 118
第 4 章の解答 124
第 5 章の解答 130
第 6 章の解答 136
第 7 章の解答 149

索　引　　　　　　　　　　　　　　　　　　　153

1 複素数と複素関数

1.1 複素数と複素数平面

●**複素数の四則**● 2つの実数 a, b と虚数単位 i ($i^2 = -1$) により作られた数
$$c = a + ib$$
を複素数という．a を c の実部とよび $\mathrm{Re}\, c$，また b を c の虚部とよび $\mathrm{Im}\, c$ で表す．とくに実部が 0 である複素数を**純虚数**という．虚部が 0 の複素数は実数となる．$c = a + ib$ に対して $\bar{c} = a - ib$ を**共役複素数**，$|c| = \sqrt{a^2 + b^2}$ を c の**絶対値**という．

2つの複素数 $c_1 = a_1 + ib_1$, $c_2 = a_2 + ib_2$ のとき，つぎのように定める．

相等： $c_1 = c_2 \iff a_1 = a_2, \quad b_1 = b_2$

和： $c_1 + c_2 = (a_1 + a_2) + i(b_1 + b_2)$

差： $c_1 - c_2 = (a_1 - a_2) + i(b_1 - b_2)$

積： $c_1 c_2 = (a_1 a_2 - b_1 b_2) + i(a_1 b_2 + b_1 a_2)$

商： $\dfrac{c_1}{c_2} = \dfrac{c_1 \bar{c_2}}{c_2 \bar{c_2}} = \dfrac{(a_1 a_2 + b_1 b_2) + i(b_1 b_2 - a_1 b_2)}{a_2^2 + b_2^2}, \quad (c_2 \neq 0)$

このような複素数の四則算法に関しても，実数と同じように和と積に関する可換法則と結合法則，分配法則が成り立つ．また
$$c_1 c_2 = 0 \iff c_1 = 0, \quad \text{または} \quad c_2 = 0$$
となる．

定理 1 共役複素数と絶対値に関し，つぎが成り立つ．

(1) $\mathrm{Re}\, c = \dfrac{c + \bar{c}}{2}, \quad \mathrm{Im}\, c = \dfrac{c - \bar{c}}{2i}, \quad c \cdot \bar{c} = |c|^2$

(2) $\overline{c_1 c_2} = \overline{c_1} \cdot \overline{c_2}, \quad \overline{\left(\dfrac{c_1}{c_2}\right)} = \dfrac{\overline{c_1}}{\overline{c_2}}$

(3) $||c_1| - |c_2|| \leq |c_1 \pm c_2| \leq |c_1| + |c_2|$ （三角不等式）

●**複素数平面**● 複素数 $z = x + iy$ に平面の点 (x, y) を対応させると，平面上の点 (x, y) を複素数とみなすことができる．この平面を **C** で表し**複素数平面**またはガウ

ス平面とよぶ．実数には x 軸が，純虚数には y 軸が対応するので，それらをおのおの**実軸**，**虚軸**とよぶ．また複素数 0 には複素平面の原点 $\mathrm{O}=(0,0)$ が対応する．

複素数平面の点 z にベクトル $\overrightarrow{\mathrm{O}z}$ を対応させると複素数 z_1, z_2 の和と差 $z_1 \pm z_2$ や $\bar{z}$ は右下図のように表される．このとき複素数 z の絶対値 $|z|$ はベクトル $\overrightarrow{\mathrm{O}z}$ の長さとなる．

複素数 $z = x + iy \,(\neq 0)$ に対し，実軸の正の方向とベクトル $\overrightarrow{\mathrm{O}z}$ のなす角 θ を z の**偏角**といい $\arg z$ で表す．$|z| = r$ とすれば，$x = r\cos\theta, y = r\sin\theta$ より，

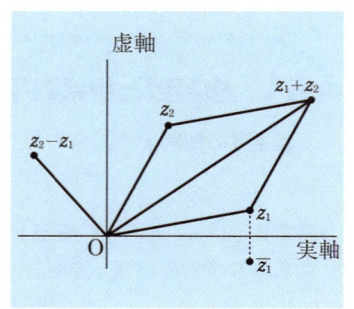

$$z = r(\cos\theta + i\sin\theta)$$

となる．これを z の**極形式**という．偏角 $\arg z$ は一通りには定まらず θ を 1 つの偏角とすると

$$\arg z = \theta + 2n\pi \quad (n \text{ は整数})$$

となる．とくに $-\pi < \theta \leq \pi$ をみたす θ を z の偏角の**主値**といい $\mathrm{Arg}\, z$ で表す．

そこで，つぎの性質が示される．

(1) z が 0 以外の実数 $\iff \arg z = n\pi$ (n は整数)
(2) z が半径 r の円上にある $\iff |z - a| = r$
(3) z が 2 点 c_1, c_2 を通る直線上にある
$z = c_1 + t(c_2 - c_1)$ (t は実数)

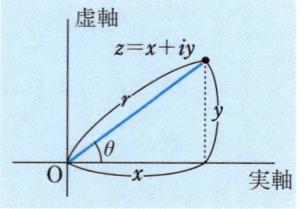

定理 2

(1) $z_1 = r_1(\cos\theta_1 + i\sin\theta_1), z_2 = r_2(\cos\theta_2 + i\sin\theta_2)$ とするとき，

$$z_1 z_2 = r_1 r_2 (\cos(\theta_1 + \theta_2) + i\sin(\theta_1 + \theta_2)), \quad \arg(z_1 z_2) = \arg z_1 + \arg z_2$$

$$\frac{z_1}{z_2} = \frac{r_1}{r_2}(\cos(\theta_1 - \theta_2) + i\sin(\theta_1 - \theta_2)), \quad \arg\left(\frac{z_1}{z_2}\right) = \arg z_1 - \arg z_2$$

(2) (**ド・モアブルの公式**) $(\cos\theta + i\sin\theta)^n = \cos n\theta + i\sin n\theta$ (n は整数)

またこの定理を用いると，$a = r(\cos\theta + i\sin\theta)$ と表すとき，方程式 $z^n = a$ (n は自然数) の根は

$$z = \sqrt[n]{r}\left(\cos\frac{\theta + 2k\pi}{n} + i\sin\frac{\theta + 2k\pi}{n}\right), \quad (k = 0, 1, \cdots, n-1)$$

となることがわかる．これらを a の n **乗根**といい，原点を中心とする円 $|z| = \sqrt[n]{r}$ 上に n 個の根が等間隔に並んでいる．

例題 1 ─────────────── 複素数の計算と共役数 ───

(1) つぎの式を計算せよ．
$$\frac{(1-i)^2}{i}, \quad (2+i)^2, \quad \left(\frac{a-bi}{a+bi}\right)^2 + \left(\frac{a+bi}{a-bi}\right)^2$$

(2) c が実数であるための条件は $c=\bar{c}$ で c が純虚数であるための条件は $c=-\bar{c}$ であることを示せ．

(3) 実係数の n 次方程式 $ax^n + b = 0 \;\; (a \neq 0)$ が根 c をもてば $\bar{c}$ も根となることを証明せよ．

共役複素数の性質をふりかえる．

解答 (1) $\dfrac{(1-i)^2}{i} = \dfrac{1-2i+i^2}{i} = -2, \quad (2+i)^2 = 4+4i+i^2 = 3+4i$

$\left(\dfrac{a-bi}{a+bi}\right)^2 + \left(\dfrac{a+bi}{a-bi}\right)^2 = \dfrac{(a-ib)^4 + (a+ib)^4}{(a+ib)^2(a-ib)^2} = 2\dfrac{a^4 - 6a^2b^2 + b^4}{(a^2+b^2)^2}$

(2) $c = a+ib \;(a,b\text{ は実数})$ とおく．$\bar{c} = a-ib$, $c=\bar{c}$ から $b=0$, すなわち c は実数である．また c が実数のとき $b=0$ より $c=\bar{c}$ となる．$c=-\bar{c}$ のとき $a=0$ となり c は純虚数である．逆も成り立つ．

(3) c が 1 つの根だから
$$ac^n + b = 0$$
をみたす．両辺の共役複素数をとって整理すると上の (2) と定理 1 から
$$a(\bar{c})^n + b = 0$$
となり $\bar{c}$ もまた根となる．

～～ **問　題** ～～～～～～～～～～～～～～～～～～～～～～～～

1.1 つぎの式を計算せよ．

(1) $\dfrac{1-i}{1+i}$　　(2) $\dfrac{2}{1-3i}$　　(3) $(3+2i)(2-i)(-7+9i)$

1.2 実係数の n 次方程式 $a_n x^n + a_{n-1} x^{n-1} + \cdots + a_1 x + a_0 = 0$ が根 c をもてば $\bar{c}$ も根となることを上の例題 1 (3) を参考に証明せよ．

例題 2 ─────────────────────────── **3 乗根** ─

$1+i$ の 3 乗根を求め，根の位置を図示せよ．

---

z および $1+i$ の極形式を用いて，方程式 $z^3 = 1+i$ を解く．

[解答] $z = r(\cos\theta + i\sin\theta)$ $(0 \leq \theta < 2\pi)$ とおくと，ド・モアブルの公式より，$z^3 = r^3(\cos 3\theta + i\sin 3\theta)$ となる．また
$$1+i = \sqrt{2}\left(\cos\frac{\pi}{4} + i\sin\frac{\pi}{4}\right)$$
より，$z^3 = 1+i$ を書き直して，
$$r^3(\cos 3\theta + i\sin 3\theta) = \sqrt{2}\left(\cos\frac{\pi}{4} + i\sin\frac{\pi}{4}\right)$$
となる．これより

(絶対値) $r^3 = \sqrt{2}$, (偏角) $3\theta = \dfrac{\pi}{4} + 2n\pi$ (n は整数)，

したがって
$$r = \sqrt[6]{2}, \quad \theta = \frac{\pi}{12} + \frac{2}{3}n\pi$$

によって得られるつぎの 3 つの数が求める根となる：

$z_1 = \sqrt[6]{2}\left(\cos\dfrac{\pi}{12} + i\sin\dfrac{\pi}{12}\right)$

$z_2 = \sqrt[6]{2}\left(\cos\dfrac{9}{12}\pi + i\sin\dfrac{9}{12}\pi\right)$

$z_3 = \sqrt[6]{2}\left(\cos\dfrac{17}{12}\pi + i\sin\dfrac{17}{12}\pi\right)$

これらは右図のような位置にあり正三角形の頂点である．

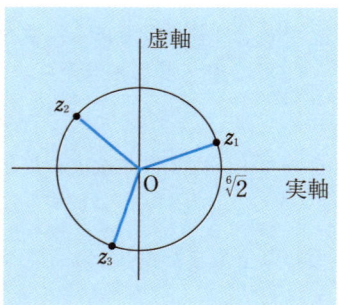

~~~ **問 題** ~~~

2.1 つぎの方程式の根を求めよ．

(1) $z^3 = 1$ (2) $z^4 = -1+i$

2.2 $\omega = \cos\dfrac{2}{3}\pi + i\sin\dfrac{2}{3}\pi$ のとき，つぎの値を計算せよ．

(1) $\omega^2 + \omega$ (2) $\omega^6 + \omega^3$

1.1 複素数と複素数平面

例題 3 ━━━━━━━━━━━━━━━━━━━━━━━━ 共役数と方程式 ━━
複素数平面上の直線の方程式はつぎのように表されることを証明せよ．
$$cz + \bar{c}\bar{z} + d = 0$$
ここで c は 0 でない複素数であり，d は実数である．

$z = x + iy$ とするとき，複素数平面上で直線は $ax + by + d = 0$ (a, b, d は実数) と表される．

[解答] $cz + \bar{c}\bar{z} + d = 0$ (d は実数) において，$c = a + ib$, $z = x + iy$ (a, b, x, y は実数) とすると

$$(a + ib)(x + iy) + (a - ib)(x - iy) + d = 0$$

よって

$$2ax - 2by + d = 0$$

ここで文字はすべて実数を表すから，これは直線を表す．逆に複素数平面上に直線

$$ax + by + d = 0 \quad (a, b, d \text{ は実数})$$

があるとする．$x = \dfrac{1}{2}(z + \bar{z})$, $y = \dfrac{1}{2i}(z - \bar{z})$ を代入して整理すると

$$\left(\frac{a}{2} - i\frac{b}{2}\right)z + \left(\frac{a}{2} + i\frac{b}{2}\right)\bar{z} + d = 0$$

となる．そこで $c = \dfrac{1}{2}(a - ib)$ とおくと，この直線は $cz + \bar{c}\bar{z} + d = 0$ と表される．

問 題

3.1 z_1, z_2 を任意の複素数とするとき，つぎの等式を示せ．
$$|z_1 + z_2|^2 + |z_1 - z_2|^2 = 2\left(|z_1|^2 + |z_2|^2\right)$$

3.2 a と c は実数で $a \neq 0$ かつ $|b^2| > ac$ とする．このとき方程式
$$az\bar{z} + \bar{b}z + b\bar{z} + c = 0$$
は円を表すことを証明せよ．

3.3 a, b を $|a| < 1$, $|b| < 1$ となる複素数とするとき $|a - b| < |1 - \bar{a}b|$ を示せ．

―― 例題 4 ――――――――――――――――――――――――― 回転の応用 ――

(1) 3点 O, z_1, z_2 が正三角形の3頂点をなすならば,
$$z_1^2 - z_1 z_2 + z_2^2 = 0$$
となることを示せ.

(2) 3点 z_1, z_2, z_3 が正三角形の3頂点をなすならば,つぎの式が成立することを示せ.
$$z_1^2 + z_2^2 + z_3^2 - z_1 z_2 - z_2 z_3 - z_3 z_1 = 0$$

(1)は $O z_1 z_2$ が3頂点だから点 z_1 を原点 O の周りに $\pm\dfrac{\pi}{3}$ だけ回転すると点 z_2 となることを用いる.(2)は z_3 を原点にうつす平行移動によって(1)へ帰着させる.

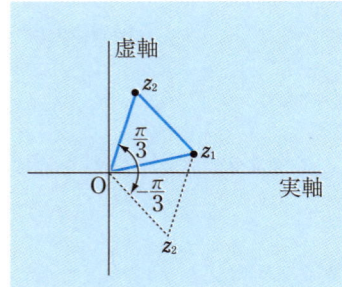

[解答] (1) 上の注意より,$z_2 = z_1 \left(\cos\dfrac{\pi}{3} \pm i\sin\dfrac{\pi}{3}\right)$ と書ける.
ここで
$$\dfrac{z_2}{z_1} = \cos\dfrac{\pi}{3} \pm i\sin\dfrac{\pi}{3} = \dfrac{1}{2}(1 \pm \sqrt{3}i) \quad (\text{複号同順})$$
は2次方程式 $t^2 - t + t = 0$ の2つの根である.よって
$$\left(\dfrac{z_2}{z_1}\right)^2 - \dfrac{z_2}{z_1} + 1 = 0$$
すなわち $z_1^2 - z_1 z_2 + z_2^2 = 0$ となる.

(2) z_3 を原点にうつす平行移動により,点 z_1, z_2 はそれぞれ $z_1' = z_1 - z_3, z_2' = z_2 - z_3$ にうつる.3点 z_1, z_2, z_3 が正三角形の3頂点であるとは,3点 O, z_1', z_2' が正三角形の3頂点ということである.よって(1)より
$$(z_1 - z_3)^2 - (z_1 - z_3)(z_2 - z_3) + (z_2 - z_3)^2 = 0$$
これを整理して
$$z_1^2 + z_2^2 + z_3^2 - z_1 z_2 - z_2 z_3 - z_3 z_1 = 0$$

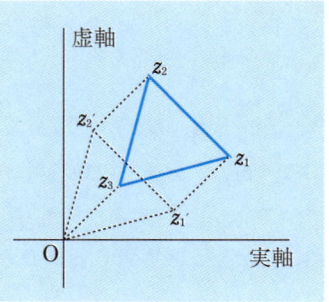

〜〜〜 問 題 〜〜〜〜〜〜〜〜〜〜〜〜〜〜〜〜〜〜〜〜〜〜〜〜〜〜

4.1 $z_1 = 3 + i, z_2 = 2 + 4i$ を頂点とする正三角形の頂点 z_3 を求めよ.

―― 例題 5 ―――――――――――――――――――――――― 実数となる条件 ――

同一円上の 4 点 z_1, z_2, z_3, z_4 に対し
$$c = \frac{z_1 - z_3}{z_1 - z_4} \bigg/ \frac{z_2 - z_3}{z_2 - z_4}$$
は実数となることを証明せよ．

c が実数となるとは，c の偏角が 0 または $-\pi$ となることである．

[解答] 右図のように三角形 $\triangle z_1 z_4 z_3$，$\triangle z_2 z_4 z_3$ の頂点 z_1, z_2 において，角 θ，λ をとると

$$\arg\left(\frac{z_3 - z_1}{z_4 - z_1}\right) = \theta$$

$$\arg\left(\frac{z_3 - z_2}{z_4 - z_2}\right) = \lambda$$

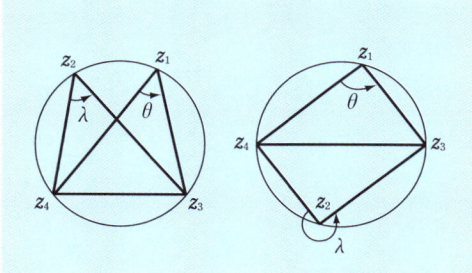

z_1, z_2, z_3, z_4 は同一円周上にあるから，等周角の性質より $z_1 z_2$ が同じ側にあるとき $\lambda = \theta$，z_1, z_2 が反対側にあるとき $\lambda - \pi = \theta$ となる．
したがって
$$\arg c = \arg\left(\frac{z_1 - z_3}{z_1 - z_4} \bigg/ \frac{z_2 - z_3}{z_2 - z_4}\right) = \theta - \lambda = 0 \quad \text{または} \quad -\pi$$
いずれの場合も c は実数となる．

問題

5.1 4 点を z_1, z_2, z_3, z_4 とする．このときつぎを証明せよ．

(1) 2 直線 $z_1 z_2, z_3 z_4$ が平行となる条件は $\dfrac{z_1 - z_2}{z_3 - z_4}$ が実数となる．

(2) 2 直線 $z_1 z_2, z_3 z_4$ が直交する条件は $\dfrac{z_1 - z_2}{z_3 - z_4}$ が純虚数となる．

---例題 6--z^k の実部と虚部---

ド・モアブルの公式を用いて

$$\sum_{k=1}^{n} \cos k\theta = \frac{\sin \dfrac{n\theta}{2}}{\sin \dfrac{\theta}{2}} \cdot \cos\left(\frac{n+1}{2}\theta\right)$$

であることを証明せよ．ただし，$\theta \neq 2n\pi$（n は整数）とする．

$z = \cos\theta + i\sin\theta$ とおき z^k を考える．また半角の公式 $1 - \cos\theta = 2\sin^2\dfrac{\theta}{2}$ を利用する．

[解答] ド・モアブルの公式を用いて，$z^k = \cos k\theta + i\sin k\theta$ となることから

$$\sum_{k=1}^{n} z^k = \sum_{k=1}^{n} \cos k\theta + i\sum_{k=1}^{n} \sin k\theta \qquad ①$$

となる．一方

$$\sum_{k=1}^{n} z^k = z\left(1 + z + \cdots + z^{n-1}\right) = \frac{z(z^n - 1)}{z - 1},$$

$$z^n - 1 = (\cos n\theta - 1) + i\sin n\theta = 2i\sin\frac{n\theta}{2}\left(\cos\frac{n\theta}{2} + i\sin\frac{n\theta}{2}\right)$$

$$\frac{1}{z-1} = \frac{1}{2i\sin\dfrac{\theta}{2}}\left(\cos\left(-\frac{\theta}{2}\right) + i\sin\left(-\frac{\theta}{2}\right)\right)$$

より，

$$\sum_{k=1}^{n} z^k = \frac{\sin\dfrac{n\theta}{2}}{\sin\dfrac{\theta}{2}}\left(\cos\frac{n+1}{2}\theta + i\sin\frac{n+1}{2}\theta\right) \qquad ②$$

となり①式と②式の右辺の実部が等しいことより求める式を得る．

〜〜 問　題 〜〜〜〜〜〜〜〜〜〜〜〜〜〜〜〜〜〜〜〜〜〜〜〜〜〜〜〜〜〜

6.1 ド・モアブルの公式を用いて三角関数の三倍角の公式を証明せよ．

$$\cos 3\theta = 4\cos^3\theta - 3\cos\theta, \quad \sin 3\theta = 3\sin\theta - 4\sin^3\theta$$

6.2 $\displaystyle\sum_{k=1}^{n-1} \cos\frac{2k\pi}{n} = -1$ を示せ．

1.2 数列と級数

●**数列**● 各項 z_n が複素数からなる数列を**複素数列** (または単に**数列**) という．数列 $\{z_n\}$ に対して，$n \to \infty$ のとき，z_n がある複素数 c に限りなく近づくとき，すなわち

$$|z_n - c| \to 0 \quad (n \to \infty)$$

となるとき，数列 z_n は c に**収束する**といい，

$$\lim_{n \to \infty} z_n = c \quad \text{または} \quad z_n \to c \quad (n \to \infty)$$

と表す．

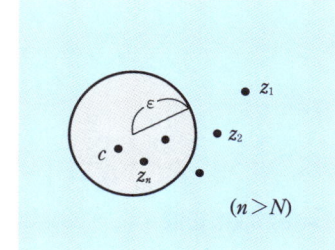

定理 3 $z_n = x_n + iy_n$ とするとき，複素数列 $\{z_n\}$ が収束するための必要十分条件は実数列 $\{x_n\}, \{y_n\}$ が収束することである．このときつぎが成り立つ．

$$\lim_{n \to \infty} z_n = \lim_{n \to \infty} x_n + i \lim_{n \to \infty} y_n$$

定理 4 $\lim_{n \to \infty} z_n = c, \lim_{n \to \infty} w_n = d$ とすれば，

(1) $\lim_{n \to \infty} (az_n + bw_n) = ac + bd$ (a, b は定数)

(2) $\lim_{n \to \infty} z_n w_n = c \cdot d$ (3) $\lim_{n \to \infty} \dfrac{c_n}{w_n} = \dfrac{c}{d}$ (ただし $d \neq 0$ とする)

●**無限級数**● 複素数を項とする無限級数 $\sum_{n=1}^{\infty} z_n$ に対して，第 n 項までの和

$$S_n = z_1 + z_2 + \ldots + z_n$$

を **n-部分和**という．部分和の作る複素数列 $\{S_n\}$ が S に収束するとき無限級数 $\sum_{n=1}^{\infty} z_n$ は S に**収束する**という．S をこの無限級数の**和**といい $\sum_{n=1}^{\infty} z_n = S$ と書く．数列 $\{S_n\}$ が収束しないとき，無限級数 $\sum_{n=1}^{\infty} z_n$ は**発散する**という．また 1 つの無限級数に有限個の項を加えても，除いても収束や発散は影響されない．

定理 5 $z_n = x_n + iy_n$ とおくとき，無限級数 $\sum_{n=1}^{\infty} z_n$ が収束するための必要十分条件は 2 つの無限級数 $\sum_{n=1}^{\infty} x_n$ と $\sum_{n=1}^{\infty} y_n$ が収束することである．このときつぎ

の式が成り立つ．

$$\sum_{n=1}^{\infty} z_n = \sum_{n=1}^{\infty} x_n + i \sum_{n=1}^{\infty} y_n$$

定理 6　無限級数 $\sum_{n=1}^{\infty} z_n, \sum_{n=1}^{\infty} w_n$ がともに収束すれば $\sum_{n=1}^{\infty} (az_n + bw_n)$ も収束し

$$\sum_{n=1}^{\infty} (az_n + bw_n) = a \sum_{n=1}^{\infty} z_n + b \sum_{n=1}^{\infty} w_n \quad (a, b は定数)$$

となる．

定理 7　無限級数 $\sum_{n=1}^{\infty} z_n$ が収束するならば，$z_n \to 0 \quad (n \to \infty)$ となる．

● **絶対収束級数** ●　無限級数 $\sum_{n=1}^{\infty} z_n$ に対して，各項の絶対値を項とする正項級数 $\sum_{n=1}^{\infty} |z_n|$ が収束するとき，$\sum_{n=1}^{\infty} z_n$ は **絶対収束** するという．

定理 8　絶対収束する無限級数はそれ自身収束する．

定理 9　（比較判定法）　無限級数 $\sum_{n=1}^{\infty} z_n$ に対して，$|z_n| \leqq a_n \quad (n = N, N+1, \cdots)$ となる正項級数 $\sum_{n=1}^{\infty} a_n$ があり，$\sum_{n=1}^{\infty} a_n$ が収束すれば，$\sum_{n=1}^{\infty} z_n$ は絶対収束する．

定理 10　（ダランベールの判定法）　無限級数 $\sum_{n=1}^{\infty} z_n$ において，$\lim_{n \to \infty} \left| \frac{z_{n+1}}{z_n} \right| = k$ が存在し，$0 \leqq k < 1$ ならば $\sum_{n=1}^{\infty} z_n$ は絶対収束し，$1 < k \leqq \infty$ ならば発散する．

追記　極限の定義において「z_n が c に限りなく近づく」という表現は直観にそった言い方であり，精密な理論を述べるには不適切である．数学の条件としては「等号，不等合と "存在する"，"すべての"」という用語を用いて表現されるものでなくてはならない．その意味で極限の定義はつぎのように述べられる．

複素数列 $\{z_n\}$ が c に収束するとは，すべての $\varepsilon > 0$ に対し，ある番号 N が存在し $|z_n - c| < \varepsilon \quad (n = N, N+1, \cdots)$ である．またつぎの数列の収束条件が知られている．

定理 11　（コーシーの収束条件）　複素数列 $\{z_n\}$ が収束するための必要十分条件はすべての $\varepsilon > 0$ に対し，ある番号 N が存在し，すべての $n, m \geqq N$ に対して $|z_n - z_m| < \varepsilon$ となることである．

例題 7 — 数列の極限

つぎの数列の収束,発散を判定し,収束する場合にはその極限値を求めよ.

(1) $z_n = \dfrac{2n+3}{n+2} + i\left(1+\dfrac{1}{n}\right)^n$ (2) $z_n = \cos n\pi + i\sin\dfrac{2}{n}\pi$

(3) $z_n = n\left(\dfrac{1+i}{2}\right)^{n+1}$

(1) $\lim_{n\to\infty}\left(1+\dfrac{1}{n}\right)^n = e$, (3) $\lim_{n\to 0} nr^n = 0 \ (0 \leqq r < 1)$ という実数列の性質を利用する.

解答 (1) $z_n = \dfrac{2+\dfrac{3}{n}}{1+\dfrac{2}{n}} + i\left(1+\dfrac{1}{n}\right)^n \to 2+ie \quad (n\to\infty)$

(2) $\cos n\pi = (-1)^n$ より $\{\cos n\pi\}$ は収束しない.これより定理3から $\{z_n\}$ も収束しない.

(3) $\left|\dfrac{1+i}{2}\right| = \dfrac{1}{\sqrt{2}} < 1$ となるから

$$|z_n| = n\left(\dfrac{1}{\sqrt{2}}\right)^n \cdot \left(\dfrac{1}{\sqrt{2}}\right) \to 0 \quad (n\to\infty)$$

問題

7.1 つぎの数列の極限値を求めよ.

(1) $z_n = \left(1+\dfrac{1}{n}\right)^n + i\left(1-\dfrac{1}{n}\right)^n$

(2) $z_n = \dfrac{n}{\pi}\left(1 - \cos\dfrac{\pi}{n} + i\sin\dfrac{\pi}{n}\right)$

7.2 数列 $\{z_n\}$ が収束するとき,その数列は有界となることを証明せよ.すなわちある定数 M があり $|z_n| \leqq M \ (n \geqq 1)$ となることを示せ.

7.3 $\lim z_n = c$ とする.このときつぎの(1),(2)が成り立つことを示せ.

(1) $\lim_{n\to\infty} \bar{z}_n = \bar{c}$ (2) $\lim_{n\to\infty} |z_n| = |c|$

---**例題 8**--- 無限級数の収束と発散 ---

つぎの級数の収束・発散を判定し，収束する場合にはその和を求めよ．

(1) $\displaystyle\sum_{n=1}^{\infty}\left(\frac{1-i}{3}\right)^n$ (2) $\displaystyle\sum_{n=1}^{\infty}\left(\frac{1}{n}+\frac{i}{2^n}\right)$ (3) $\displaystyle\sum_{n=1}^{\infty}\frac{1}{2^n}\left(1+\frac{i}{2^n}\right)$

(1), (3)では等比級数の和の公式 $\displaystyle\sum_{n=1}^{\infty}c^n=\frac{c}{1-c}$ ($|c|<1$) を利用する．(2)では $\displaystyle\sum_{n=1}^{\infty}\frac{1}{n}$ が発散することに注意する．

解答 (1) $\left|\dfrac{1-i}{3}\right|=\dfrac{\sqrt{2}}{3}<1$ だから，

$$\sum_{n=1}^{\infty}\left(\frac{1-i}{3}\right)^n=\frac{1-i}{3}\frac{1}{1-\left(\dfrac{1-i}{3}\right)}=\frac{1-i}{2+i}=\frac{1-3i}{5}$$

(2) 実部の作る級数 $\displaystyle\sum_{n=1}^{\infty}\frac{1}{n}$ が発散するので定理 5 より発散する．

(3) $\displaystyle\sum_{n=1}^{\infty}\frac{1}{2^n}\left(1+\frac{i}{2^n}\right)=\sum_{n=1}^{\infty}\frac{1}{2^n}+i\sum_{n=1}^{\infty}\frac{1}{4^n}$

$$=\frac{1}{2\left(1-\dfrac{1}{2}\right)}+i\frac{1}{4\left(1-\dfrac{1}{4}\right)}=1+\frac{i}{3}$$

問題

8.1 $\displaystyle\sum_{n=1}^{\infty}c^n=\frac{c}{1-c}$ ($|c|<1$) を証明せよ．

8.2 つぎの級数の収束・発散を判定せよ．

(1) $\displaystyle\sum_{n=1}^{\infty}\frac{\cos n+i\sin n}{n^2}$ (2) $\displaystyle\sum_{n=1}^{\infty}\frac{1}{n+i}$ (3) $\displaystyle\sum_{n=1}^{\infty}(-1)^{n-1}ni$

8.3 つぎの級数の和を求めよ．

$$\sum_{n=1}^{\infty}\left\{\frac{1}{n(n+1)}+\frac{i}{(n+1)(n+2)}\right\}$$

1.2 数列と級数

---**例題 9**-------------------------------------コーシーの判定法---

級数 $\sum_{n=1}^{\infty} z_n$ において，$\lim_{n\to\infty} \sqrt[n]{|z_n|} = \lambda$ が存在するとする．このとき $0 \leqq \lambda < 1$ ならばこの級数は絶対収束し，$1 < \lambda \leqq \infty$ ならば発散することを証明せよ (コーシーの判定法)．

$0 \leqq \lambda < 1$ のとき 等比級数の収束条件と定理 9 を利用する．$1 < \lambda \leqq \infty$ のときは定理 7 を用いる．

[解答] $0 \leqq \lambda < 1$ のとき $\lambda < r < 1$ となる r を定めると，十分大きい N に対して $\sqrt[n]{|z_n|} < r \,(n \geqq N)$ となる．すなわち

$$|z_n| < r^n \quad (n = N, N+1, \dots)$$

が成り立つ．$r < 1$ より $\sum_{n=1}^{\infty} r^n$ は収束するから定理 9 より $\sum_{n=1}^{\infty} z_n$ は絶対収束する．

$1 < \lambda \leqq \infty$ のとき十分大きい N に対して $\sqrt[n]{|z_n|} > 1 \,(n \geqq N)$ となり $|z_n| > 1$ となる．したがって定理 7 より $\sum_{n=1}^{\infty} z_n$ は発散する．

問 題

9.1 ダランベールの判定法 (定理 10) を用いて，級数 $\sum_{n=1}^{\infty} nc^{n-1}$ は $|c| < 1$ で絶対収束し，$|c| \geqq 1$ のとき発散することを示せ．

9.2 $\sum_{n=1}^{\infty} \left(\dfrac{1}{2} + \dfrac{i}{n}\right)^n$ が収束することを示せ．

9.3 $z = r(\cos\theta + i\sin\theta)$ とおき，ド・モアブルの公式を利用して，$0 < r < 1$ のとき

$$\sum_{n=0}^{\infty} r^n \cos n\theta = \frac{1 - r\cos\theta}{1 - 2r\cos\theta + r^2}$$

$$\sum_{n=0}^{\infty} r^n \sin n\theta = \frac{r\sin\theta}{1 - 2r\cos\theta + r^2}$$

を証明せよ．

1.3 点集合

●**近傍，開集合**● 複素数 a を中心とする半径 $\varepsilon > 0$ の円の内部，すなわち

$$U_\varepsilon(a) = \{z; |z-a| < \varepsilon\}$$

を a の ε-近傍という．S を複素数平面 $\boldsymbol{C}$ の部分集合とする．S の点 a が S の**内点**とは，ある $\varepsilon > 0$ に対して，$U_\varepsilon(a)$ が S に含まれることとする．また S に属さない点 a の適当な近傍が S と共通点をもたないとき a を S の**外点**という．また S の内点でも外点でもない点を**境界点**という．境界点の全体を境界といい ∂S と表す．S の境界と S との和集合 $S \cup \partial S$ を S の**閉包**といい $\overline{S}$ で表す．

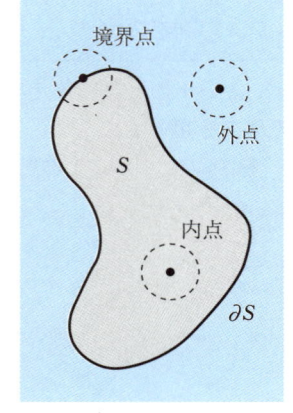

部分集合 S のすべての点が内点のとき，S を**開集合**という．また S の補集合 $\boldsymbol{C} - S$ が開集合のとき，S を**閉集合**という．

集合 S が 0 のある近傍 $U_R(0)$ に含まれるとき S は**有界**といわれる．

●**曲線，領域**● 閉区間 $[a,b]$ で定義された実数値連続関数 $x(t), y(t)$ によって

$$z(t) = x(t) + iy(t) \quad (a \leq t \leq b)$$

と表される $\boldsymbol{C}$ の点の軌跡を**曲線**といい，$z(a), z(b)$ をそれぞれこの曲線の**始点**，**終点**という．とくに $z(a) = z(b)$ のときに**閉曲線**といい，また $a \leq t < t' < b$ に対して常に $z(t) \neq z(t')$ のとき**単一な曲線**という．

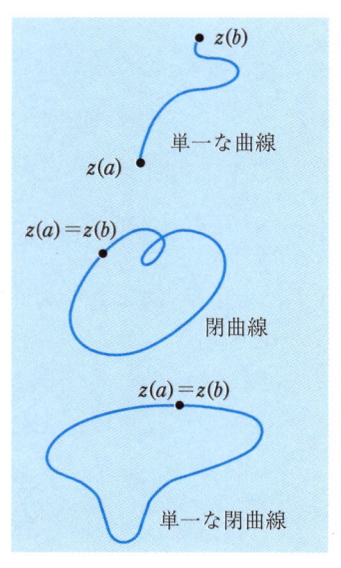

集合 S の任意の 2 点を S に含まれる曲線で結ぶことができるとき S は**弧状連結**であるという．弧状連結な開集合を**領域**という．

領域 D 内の任意の閉曲線を D 内で連続的に変形して 1 点に縮められるとき，すなわち D 内に穴があいていないとき，D は**単連結**といわれる．

単一な閉曲線 C は複素数平面 $\boldsymbol{C}$ を 2 つの領域にわけ，C はこれら 2 つの領域に共通な境界となる．これは**ジョルダンの曲線定理**とよばれる．これ

らの 2 つの領域のうち有界な方を C の**内部**，他方を C の**外部**という．

● **無限遠点** ● (x, y) 平面上の原点 O において，この平面に接する直径 1 の球面を
作り O を通る直径の他端を N とする．平面上の
任意の点 D と N を通る直線は球面と N 以外の唯
一の点 Q で交わる．すなわち平面上の各点と球面
上の N 以外の点とは一対一対応をする．このよう
に平面上の点を対応させることを**立体射影**という．
(x, y) 平面と複素平面 C を $z = x + iy$ によって
同一視すると複素数 $z = x + iy$ に球面上の点が対
応する．このとき北極 N に対応する点は C 上に
はないが，z が原点 O から遠ざかるにつれ，対応
する点は N に近づく．したがって N には原点か
ら無限に遠いところの仮想の点が対応していると
みなし，この点を**無限遠点**とよび ∞ と表す．

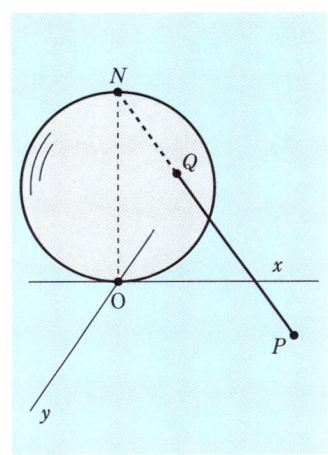

複素数平面 C に無限遠点 ∞ をつけ加えたもの
を**拡張された複素数平面**といい C_∞ で表す．無限遠点とは異なる C_∞ の点を**有限な
点**とよぶ．

有限な点 z と ∞ の間の演算をつぎのように約束する．

$$\infty \pm z = \infty, \quad \frac{z}{\infty} = 0, \quad \infty \cdot \infty = \infty, \quad z \cdot \infty = \infty \ (z \neq 0), \quad \frac{z}{0} = \infty (z \neq 0)$$

立体射影により，$x + iy$ に対応する球面上の点を $Q(\xi, \eta, \zeta)$ とすると，$P(x, y, \mathrm{O}) = x + iy$ の間につぎの関係が成り立つ (例題 12 参照)．

$$\xi = \frac{x}{1 + x^2 + y^2} = \frac{1}{2}\frac{z + \bar{z}}{z\bar{z} + 1}$$

$$\eta = \frac{y}{1 + x^2 + y^2} = \frac{1}{2i}\frac{z - \bar{z}}{z\bar{z} + 1}$$

$$\zeta = \frac{x^2 + y^2}{1 + x^2 + y^2} = \frac{z\bar{z}}{z\bar{z} + 1}$$

および

$$x = \frac{\xi}{1 - \zeta}$$

$$y = \frac{\eta}{1 - \zeta}$$

$$x^2 + y^2 = \frac{\zeta}{1 - \zeta}$$

---例題 10--- 複素数平面上の軌跡 ---

つぎの式で定義される曲線はどのような曲線か図示せよ．
(1) $z = t + i2t^2 \quad (-1 \leq t \leq 1)$
(2) $z = a\cos t + ib\sin t \quad (0 \leq t \leq 2\pi, 0 < b < a)$

曲線の方程式 $z(t) = x(t) + iy(t) \ (a \leq t \leq b)$ から x と y の関係式を導く．

[解答] (1) $x = t, y = 2t^2 \ (-1 \leq t \leq 1)$ より t を消去すると

$$y = 2x^2 \quad (-1 \leq x \leq 1)$$

したがって右図のような放物線を描く．

(2) $x = a\cos t, y = b\sin t \ (0 \leq t \leq 2\pi)$ より t を消去すると

$$\frac{x^2}{a^2} + \frac{y^2}{b^2} = 1$$

これより $z(0) = z(2\pi) = (a, 0)$ となる右図のような楕円上を一周する閉曲線となる．

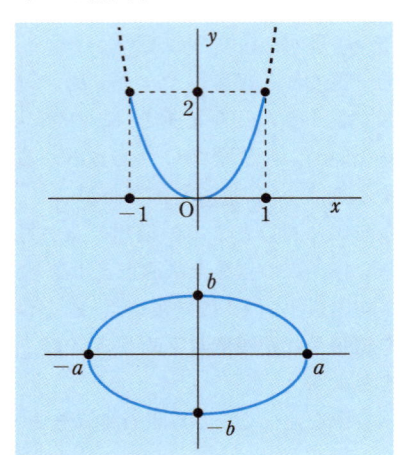

問 題

10.1 つぎの集合を図示し，それぞれを開集合，閉集合，有界集合，弧状連結集合に分類せよ．
(1) $\{z; |z-2| \leq |z|\}$　　(2) $\{|z+1| + |z-1| < 3\}$
(3) $\{z; \mathrm{Re}\,(z^2) > 1\}$

10.2 つぎの式で定義される曲線はどのような曲線となるか．
$$z = t + i\sqrt{1-t^2} \quad (-1 \leq t \leq 1)$$

10.3 集合 $D = \{z; \mathrm{Im}\, z > 0, z \neq i\}$ は領域であることを証明せよ．

10.4 領域 D 内の任意の 2 点を結ぶ線分がつねに D に含まれるとき，D を**凸領域**という．凸領域は単連結であることを証明せよ (D 内の 1 点 c を定め，任意の閉曲線 $C : z = z(t) \ (a \leq t \leq b)$ に対して $(1-s)z(t) + sc \ (0 \leq s \leq 1)$ を考える)．

例題 11 ― 複素数平面上の軌跡

$\left|\dfrac{z-1}{z+1}\right| = 2$ をみたす z はどのような曲線上を動くか図示せよ．

$z = x + iy$ (x, y は実数) として，x と y の方程式を導く．また，つぎのように共役複素数を利用した方程式を用いてもよい．

$$|z-1|^2 - 2^2|z+1|^2 = 0 \qquad ①$$

$$|z \pm 1|^2 = (z \pm 1)\overline{(z \pm 1)} = (z \pm 1)(\bar{z} \pm 1) \quad (複号同順)$$

解答 $|z \pm 1|^2 = z\bar{z} \pm (z + \bar{z}) + 1$ (複号同順) を ①式に代入して整理すると，

$$(1 - 2^2)z\bar{z} - (1 + 2^2)(z + \bar{z}) + (1 - 2^2) = 0$$

となる．この式をさらに変形して

$$z \cdot \bar{z} + \frac{5}{3}(z + \bar{z}) + 1 = 0$$

となるから

$$\left(z + \frac{5}{3}\right)\left(\bar{z} + \frac{5}{3}\right) - \frac{25}{9} + 1 = 0$$

この式より

$$\left|z + \frac{5}{3}\right|^2 = \left(\frac{4}{3}\right)^2$$

となり，z は中心 $-\dfrac{5}{3}$，半径 $\dfrac{4}{3}$ の円周上を動く (右図参照).

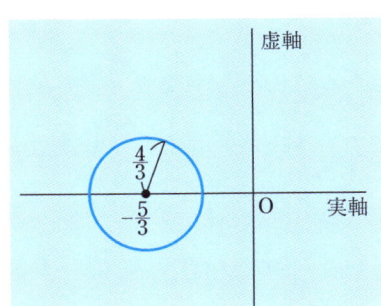

問題

11.1 $\left|\dfrac{z-1}{z+1}\right| = 1$ をみたす z はどのような曲線上を動くか．

11.2 z が単位円上を動くとき，$w = 1 + \dfrac{1}{z}$ はどのような曲線上を動くか図示せよ．

例題 12 ─────────────────────── 立体射影の座標 ───

立体射影において，複素数 $x+iy$ と対応する球面上の点 $Q(\xi,\eta,\zeta)$ についてつぎの関係式を証明せよ．

$$\xi = \frac{x}{1+x^2+y^2}, \quad \eta = \frac{y}{1+x^2+y^2}, \quad \zeta = \frac{x^2+y^2}{1+x^2+y^2}$$

$N(0,0,1)$ を球面の北極とし，z を $P(x,y,0)$ と考える．このとき N, Q, P は同一直線上にあるから

$$\frac{\xi}{x} = \frac{\eta}{y} = \frac{\zeta-1}{-1} \qquad ①$$

[解答] Q は中心 $\frac{1}{2}$，半径 $\frac{1}{2}$ の球面上にあるから

$$\xi^2 + \eta^2 + \left(\zeta - \frac{1}{2}\right)^2 = \frac{1}{4} \qquad ②$$

となる．また①式の値を k とする．②式を変形すると

$$\xi^2 + \eta^2 + \left((\zeta-1) + \frac{1}{2}\right)^2 = \xi^2 + \eta^2 + (\zeta-1)^2 + (\zeta-1) + \frac{1}{4}$$

$$= k^2 x^2 + k^2 y^2 + k^2 - k + \frac{1}{4} = \frac{1}{4}$$

これより $kx^2 + ky^2 + k - 1 = 0$ となり

$$k = \frac{1}{x^2+y^2+1} \qquad ③$$

したがって①式より求める式を得る．

[注意] ①式および③式より直ちにつぎの式が導かれる．

$$x = \frac{\xi}{1-\zeta}, \quad y = \frac{\eta}{1-\zeta}, \quad x^2+y^2 = \frac{\zeta}{1-\zeta} \qquad ④$$

問 題

12.1 球面②式上の円は②式と空間における平面の方程式

$$A\xi + B\eta + C\zeta = D$$

で表されることに注意し，複素平面上の円または直線は球面上の円に写像されることを証明せよ．

1.4 複素関数

●**複素関数**● 複素数平面 C の部分集合 D の各点 z に，複素数 w が対応しているとき，この対応を

$$w = f(z) \quad (z \in D)$$

と表し，D を定義域とする**複素関数** (または単に**関数**) という．D の各点に対して唯一の $w = f(z)$ が対応しているとき，$f(z)$ は **1 価**であるという．1 価でない関数を**多価**であるというが，以後関数といえば，とくに断らない限り 1 価関数とする．

$z = x + iy, w = u + iv$ とおくと，u, v は実変数 x, y の実数値関数と考えられ

$$u = u(x, y), \quad v = v(x, y)$$

と表せる．

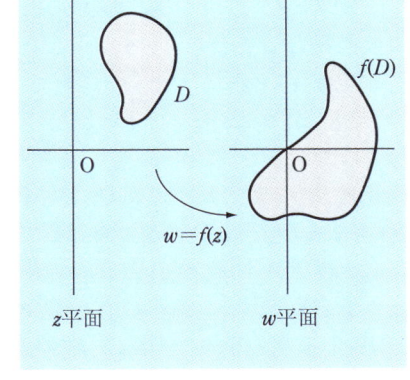

関数 $w = f(z)$ に対して，変数 z が動く複素数平面を **z 平面**，値 w の動く複素数平面を **w 平面**という．そして関数 $w = f(z)$ を z 平面の点を w 平面にうつす写像とみなす．定義域 D の部分集合 B に対して，

$$f(B) = \{f(z); z \in B\}$$

を写像 f による B の**像**という．

●**関数の連続性**● 関数 $f(z)$ が z_0 の近傍で定義されているとする．このとき z が z_0 に限りなく近づくとき，$f(z)$ が c に限りなく近づくなら，z が z_0 に近づくとき $f(z)$ は**極限値 c に収束する**といい，

$$\lim_{z \to z_0} f(z) = c \quad \text{あるいは} \quad f(z) \to c \quad (z \to z_0)$$

と書く．とくに

$$\lim_{z \to z_0} f(z) = f(z_0)$$

となるとき，$f(z)$ は z_0 で**連続**であるという．領域 D で定義されている関数は D の各点で連続のとき，D で**連続**といわれる．

定理 12 $z = x + iy, f(z) = u(x, y) + iv(x, y)$ とするとき，$f(z)$ が $z_0 = x_0 + iy_0$ で連続となるための必要十分条件は，$u(x, y), v(x, y)$ が点 (x_0, y_0) で連続となることである．

定理 13 関数 $f(z), g(z)$ がともに $z = z_0$ で連続ならば，$f(z) + g(z)$ および $f(z)g(z)$ は $z = z_0$ で連続である．また $g(z_0) \neq 0$ ならば $\dfrac{f(z)}{g(z)}$ も $z = z_0$ で連続となる．

定理 14 $f(z)$ が z_0 で連続で，さらに $g(w)$ が $w_0 = f(z_0)$ で連続ならば，合成関数 $(g \circ f)(z) = g(f(z))$ もまた $z = z_0$ で連続となる．

定理 15 $f(z)$ が z_0 で連続で，$f(z_0) \neq 0$ とする．このとき z_0 のある近傍 $U_\delta(z_0) = \{z; |z - z_0| < \delta\}$ が定まりこの近傍のすべての z に対し，$f(z) \neq 0$ となる．

集合 S で定義された関数 $f(z)$ に対して，ある正の数 M が定まり，$|f(z)| \leq M (z \in S)$ となるとき $f(z)$ は S で**有界**という．

定理 16 関数 $f(z)$ が有界閉集合 S で連続なら，$|f(z)|$ は S 上で最大値と最小値をとる．したがって $f(z)$ は S で有界となる．

追記 数列の場合と同様に極限および連続の定義はつぎのようになる．

z_0 の近傍で定義された関数 $f(z)$ に対し，$\lim\limits_{z \to z_0} f(z) = c$ とは任意の $\varepsilon > 0$ に対し，ある $\delta > 0$ が定まり

$$|z - z_0| < \delta \quad \Rightarrow \quad |f(z) - c| < \varepsilon$$

となることである．とくに $f(z)$ が z_0 で連続とは任意の $\varepsilon > 0$ に対し，ある $\delta > 0$ が定まり

$$|z - z_0| < \delta \quad \Rightarrow \quad |f(z) - f(z_0)| < \varepsilon$$

となることである．

前節 1.3 で定義された拡張された複素数平面 $\boldsymbol{C}_\infty = C \cup \{\infty\}$ では

$$U(\infty, R) = \{z \in \boldsymbol{C}; |z| > R\} \cup \{\infty\}$$

によって無限遠点の近傍が定義される．したがって $\boldsymbol{C}_\infty$ 上の関数 $w = f(z)$ に対して，$f(\infty)$ が有限の値ならば任意の $\varepsilon > 0$ に対しある $R > 0$ が定まり

$$|f(z) - f(\infty)| < \varepsilon \quad (z \in U(\infty, R))$$

となるとき $f(z)$ は $z = \infty$ で連続であるという．

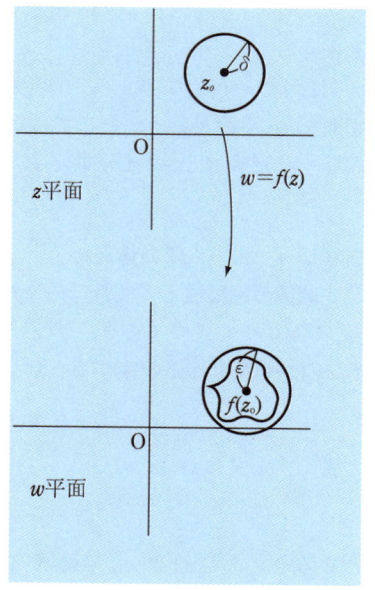

例 有理関数 $f(z) = \dfrac{a_n z^n + \cdots + a_1 z + a_0}{b_m z^m + \cdots + b_1 z + b_0}$ $(m > n, b_m \neq 0)$ において，$f(\infty) = 0$ として $\boldsymbol{C}_\infty$ 上の関数を考えると $f(z)$ は $z = \infty$ で連続な関数となる．

―― 例題 13 ――――――――――――――――― 複素平面の写像の例 ――

関数 $w = z^2 + z$ に対して，つぎの問に答えよ．
(1) $z = x + iy = r(\cos\theta + i\sin\theta), w = u + iv$ とおくとき u, v を x, y および r, θ の関数として表せ．
(2) z が直線 $x = 1$ 上を $1 - i$ から $1 + \sqrt{2}i$ まで動くとき，対応する w はどんな曲線上を動くか図示せよ．

[解答] (1) $w = (x + iy)^2 + (x + iy) = (x^2 - y^2 + x) + i(2xy + y)$
したがって
$$u(x, y) = x^2 - y^2 + x, \quad v(x, y) = 2xy + y \qquad ①$$
つぎに，ド・モアブルの定理より $z^2 = r^2(\cos 2\theta + i\sin 2\theta)$ となるから
$$w = r^2(\cos 2\theta + i\sin 2\theta) + r(\cos\theta + i\sin\theta)$$
$$= (r^2 \cos 2\theta + r\cos\theta) + i(r^2 \sin 2\theta + r\sin\theta)$$
これより
$$u(r, \theta) = r^2 \cos 2\theta + r\cos\theta, \quad v(r, \theta) = r^2 \sin 2\theta + r\sin\theta$$

(2) 上の①式より，$x = 1$ とすると
$$u = 2 - y^2, \quad v = 3y$$
となる．これより y を消去して，$-1 \leqq y \leqq \sqrt{2}$ の v の範囲を定め
$$v^2 = 9(2 - u) \quad (-3 \leqq v \leqq 3\sqrt{2})$$
となる．したがって，求める曲線は右図のようになる．

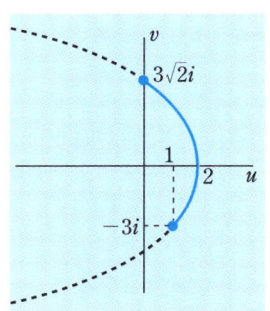

～～ 問　題 ～～～～～～～～～～～～～～～～～～～～～～～～～～～～～～

13.1 $z = x + iy$ とおくとき $x = \dfrac{z + \bar{z}}{2}, \; y = \dfrac{z - \bar{z}}{2i}$ となることを利用し，つぎの w を z と $\bar{z}$ で表せ．
　　(1) $w = (x^2 - y^2 - x) + i(2xy + y)$　　(2) $w = \dfrac{4y}{x^2 + y^2 + 2ix}$

13.2 z が中心 1，半径 1 の円上を動くとき $w = iz + 2$ はどのような曲線上を動くか図示せよ（$|z - 1| = 1$ となることを利用する）．

例題 14 ―――― 関数の極限

つぎの極限値は存在するか．存在する場合はその値を求めよ．

(1) $\displaystyle\lim_{z\to i}\frac{z\bar{z}-iz-i\bar{z}-1}{z^2+1}$ (2) $\displaystyle\lim_{z\to 1+i}\left(z^2+\frac{i}{z}\right)$ (3) $\displaystyle\lim_{z\to 0}\frac{\bar{z}}{z}$

解答 (1) $z \to i$ のとき，分子，分母ともに 0 に収束するが

$$z\bar{z}-iz-i\bar{z}-1=(z-i)(\bar{z}-i), \quad z^2+1=(z-i)(z+i)$$

より

$$\lim_{z\to i}\frac{z\bar{z}-iz-iz-1}{z^2+1}=\lim_{z\to i}\frac{\bar{z}-i}{z+i}=\frac{-2i}{2i}=-1$$

(2) $\displaystyle\lim_{z\to 1+i}\left(z^2+\frac{i}{z}\right)=(1+i)^2+\frac{i}{1+i}=2i+\frac{i+1}{2}=\frac{5i+1}{2}$

(3) いま z が x 軸にそって 0 に近づけば $z=x, \bar{z}=x$ より

$$\frac{\bar{z}}{z}=\frac{x}{x}\to 1 \quad (x\to 0)$$

一方 z が y 軸にそって 0 に近づけば $z=iy, \bar{z}=-iy$ より

$$\frac{\bar{z}}{z}=\frac{-iy}{iy}\to -1 \quad (y\to 0)$$

近づき方によって，$\dfrac{\bar{z}}{z}$ の近づく値が異なるので $\displaystyle\lim_{z\to 0}\frac{\bar{z}}{z}$ は存在しない．

～～ 問 題 ～～

14.1 つぎの極限値を求めよ．

(1) $\displaystyle\lim_{z\to i}\frac{z-1}{z+1}$ (2) $\displaystyle\lim_{z\to 2i}\frac{3z(z-2i)}{z^2+4}$ (3) $\displaystyle\lim_{z\to i}\frac{z^2+(1-i)z-i}{z^2+1}$

14.2 $f(z)$ が z_0 で連続ならば $\mathrm{Re}\,f(z), |f(z)|$ は z_0 で連続となることを証明せよ．

14.3 つぎの関係の $z=0$ での連続性を調べよ．

(1) $f(z)=\begin{cases}\dfrac{\mathrm{Re}\,z}{z} & (z\neq 0)\\ 0 & (z=0)\end{cases}$ (2) $f(z)=\dfrac{\mathrm{Re}\,z}{1+|z|}$

(3) $f(z)=\begin{cases}\dfrac{z^2}{\bar{z}} & (z\neq 0)\\ 0 & (z=0)\end{cases}$

14.4 $f(z)$ が $z=z_0$ で連続であるための必要十分条件は，z_0 に収束する任意の数列 $\{z_n\}$ に対して $\displaystyle\lim_{n\to\infty}f(z_n)=f(z_0)$ となることを証明せよ（背理法を利用する）．

演習問題

演習1 つぎの式をみたす z はどのような曲線上を動くか図示せよ．
(1) $|z+1|+|z-1|=4$
(2) $z=\cos\theta+2i\sin\theta \quad (0\leq\theta\leq\pi)$

演習2 $\mathrm{Im}\left(\dfrac{z-i}{z+i}\right)=-\dfrac{2\mathrm{Re}z}{|z+i|^2}$ となることを証明せよ．

演習3 原点 O を中心に半径 r の円 C を描く．外部の点 z に対して図のように接線 zz_0 を引く．接点 z_0 から線分 Oz に下した垂線の足を z^* とするとき
$$|z|\cdot|z^*|=r^2$$
となることを示せ．

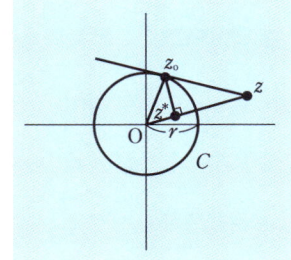

演習4 c を複素数とするとき $\displaystyle\sum_{n=1}^{\infty}\dfrac{1}{1+c^n}$ の収束，発散を調べよ ($|c|\leq 1$ と $|c|>1$ に分けて考える)．

演習5 $|z|\neq 1$ とし $w_n=z^{2^n}/(1-z^{2^{n+1}}) \ (n\geq 0)$ とおく．このとき (1), (2) に答えよ．

(1) $w_0+w_1+\cdots+w_n=\dfrac{z-z^{2^{n+1}}}{(1-z^{2^{n+1}})(1-z)}$ を数学的帰納法で証明せよ．

(2) 上の (1) 式を利用して，$\displaystyle\sum_{n=0}^{\infty}w_n$ の和を求めよ．

演習6 $\displaystyle\sum_{n=1}^{\infty}\dfrac{1}{n}=\infty$ となることを利用し，有界な領域で境界の長さが無限大の曲線となっている例をあげよ．

演習7 つぎの (1), (2), (3) を証明せよ．

(1) ジョルダンの不等式 $\sin\theta\geq\dfrac{2}{\pi}\theta \quad \left(0\leq\theta\leq\dfrac{\pi}{2}\right)$

(2) $|z|=|w|=1, z\neq -1, w\neq -1, (\mathrm{Im}\,z)(\mathrm{Im}\,w)\geq 0$ のとき
$$|\mathrm{Arg}\,z-\mathrm{Arg}\,w|\leq\dfrac{\pi}{2}|z-w|$$

(3) $\mathrm{Arg}\,z$ は領域 $\boldsymbol{C}-\{x\in R;\ x\leq 0\}$ で連続となる．

2 正則関数

2.1 複素関数の微分

● **微分係数** ● 複素数 z_0 の近傍で定義された関数 $f(z)$ に対し

$$\lim_{z \to z_0} \frac{f(z) - f(z_0)}{z - z_0} = \lim_{h \to 0} \frac{f(z_0 + h) - f(z_0)}{h}$$

が存在するとき，$f(z)$ は z_0 で**微分可能**であるという．この極限値を $f(z)$ の z_0 における**微分係数**といい $f'(z_0)$ または $\left[\dfrac{df}{dz}\right]_{z=z_0}$ などと表す．

点 z_0 で微分可能な関数は，z_0 で連続となる．

定理 1 $f(z), g(z)$ が z_0 で微分可能ならば，$af(z) + bg(z)$ (a, b は定数)，$f(z) \cdot g(z)$，$\dfrac{f(z)}{g(z)}$ も z_0 で微分可能でその微分係数は各々つぎのようになる．

$$af'(z_0) + bg'(z_0), \quad f'(z_0)g(z_0) + f(z_0)g'(z_0)$$

$$\frac{f'(z_0)g(z_0) - f(z_0)g'(z_0)}{g(z_0)^2} \quad (g(z_0) \neq 0 \text{ とする})$$

定理 2 $f(z)$ が z_0 で微分可能，$g(w)$ が $w_0 = f(z_0)$ で微分可能ならば，合成関数 $h(z) = g(f(z))$ は z_0 で微分可能で

$$h'(z_0) = g'(w_0)f'(z_0)$$

となる．

● **コーシー・リーマンの方程式** ●

定理 3 関数 $f(z) = u(x, y) + iv(x, y)$ が点 $z_0 = x_0 + iy_0$ で微分可能ならば，$u(x, y)$ と $v(x, y)$ は点 (x_0, y_0) で x, y について偏微分可能で

$$u_x(x_0, y_0) = v_y(x_0, y_0), \quad u_y(x_0, y_0) = -v_x(x_0, y_0)$$

をみたす．これらを**コーシー・リーマンの方程式** (**C–R 方程式**) という．また微分係数 $f'(z_0)$ はつぎの式で与えられる：

$$f'(z_0) = u_x(x_0, y_0) + iv_x(x_0, y_0) = v_y(x_0, y_0) - iu_y(x_0, y_0)$$

2.1 複素関数の微分

定理 4 実数値関数 $u(x,y)$ と $v(x,y)$ が点 (x_0, y_0) の近傍で連続な偏導関数を持ち，コーシー・リーマンの方程式をみたせば複素関数 $f(z) = u(x,y) + iv(x,y)$ は点 $z_0 = x_0 + iy_0$ で微分可能となる．

● **正則関数** ● 領域 D で定義された関数 $f(z)$ が D の各点で微分可能であるとき，$f(z)$ は D で**正則**であるという．このとき D で定義される関数 $f'(z)$ を $f(z)$ の**導関数**という．S を $\boldsymbol{C}$ の部分集合とする．$f(z)$ が S を含むある領域で正則であるとき，$f(z)$ は $\boldsymbol{S}$ で**正則**であるという．とくに $f(z)$ が**点 $\boldsymbol{z_0}$ で正則**とは z_0 のある近傍で正則であることをいう．

定理 5 領域 D の各点で $f'(z) = 0$ ならば $f(z)$ は D で定数である（問題 1.2 参照）．

● **調和関数** ● xy 平面の領域 D で定義された実数値関数 $h(x,y)$ が連続な 2 階偏導関数を持ち，**ラプラスの方程式**
$$\Delta h = \frac{\partial^2 h}{\partial x^2} + \frac{\partial^2 h}{\partial y^2} = 0$$
をみたすとき，$h(x,y)$ は D で**調和**という．

2 つの調和関数 $u(x,y)$, $v(x,y)$ がコーシー・リーマンの方程式をみたすとき $v(x,y)$ を $u(x,y)$ の**共役調和関数**という．

定理 6 領域 D において正則な関数 $f(z) = u(x,y) + iv(x,y)$ の実数部 $u(x,y)$ および虚数部 $v(x,y)$ は D において調和である．とくに $v(x,y)$ は $u(x,y)$ の共役調和関数となる．

例 n を正の整数とするとき，z^n は平面全体 $\boldsymbol{C}$ で正則である．$z = x + iy$ とし
$$z^n = P_n(x,y) + iQ_n(x,y)$$
とおくと，$P_n(x,y), Q_n(x,y)$ は x, y の n 次の同次多項式で調和関数となる．これらを n 次の**調和多項式**という．たとえば $n = 3$ のときは
$$P_3(x,y) = x^3 - 3xy^2, \quad Q_3(x,y) = 3x^2y - y^3$$

注意 調和関数は単連結な領域でいつでも共役調和関数をもつ．また何回でも微分できて，それらはすべて調和関数である．調和関数のより詳しい性質は 7.2 節で論ずる．

例題 1 ——— 正則性の判定

つぎの関数はどのような領域で正則となるか調べよ．またその領域での導関数を求めよ．

(1)　$f(z) = \dfrac{z}{z^4 - 4}$

(2)　$f(z) = e^{-y}(\cos x + i \sin x) \quad (z = x + iy)$

(1)は微分に関する商の公式を利用する．また(2)はコーシー・リーマンの方程式を確める．

[解答]　(1)　分母が 0 となる点は $\pm\sqrt{2}, \pm\sqrt{2}i$ より $f(z)$ は平面全体よりこれら 4 点をのぞいた領域 $\boldsymbol{C} - \{\pm\sqrt{2}, \pm\sqrt{2}i\}$ で正則となる．また

$$(z^n)' = nz^{n-1} \quad (n \text{ は整数})$$

より，定理 1 から

$$f'(z) = \frac{z'(z^4 - 4) - z(z^4 - 4)'}{(z^4 - 4)^2} = -\frac{3z^4 + 4}{(z^4 - 4)^2}$$

となる．

(2)　$u = e^{-y}\cos x, \; v = e^{-y}\sin x$ とおくと，$f = u + iv$ となり

$$u_x = -e^{-y}\sin x, \quad u_y = -e^{-y}\cos x$$
$$v_x = e^{-y}\cos x, \quad v_y = -e^{-y}\sin x$$

となる．これらは平面全体で連続でコーシー・リーマンの方程式

$$u_x = v_y, \quad u_y = -v_x$$

をみたす．したがって $f(z)$ は平面全体で正則となる．とくに定理 3 より

$$f'(z) = u_x + iv_x = -e^{-y}\sin x + ie^{-y}\cos x$$

となる．

問題

1.1 つぎの関数の導関数を求めよ．

(1)　$(z^2 + iz + 3)^2$　　(2)　$(3x + y) + i(3y - x)$

(3)　$\sin x \cosh y + i \cos x \sinh y$

1.2 $f(z) = u(x, y) + iv(x, y)$ が領域 D で正則で $f'(z) \equiv 0$ ならば定数となることを証明せよ（u, v に 2 変数関数の平均値の定理を適用する）．

―― 例題 2 ―――――――――――――――――――――― 共役調和関数 ――

関数 $u(x,y) = x^3 - 3xy^2$ が調和関数であることを示し，その共役調和関数 $v(x,y)$ を求めよ．

共役調和関数 $v(x,y)$ はコーシー・リーマンの方程式：
$$\frac{\partial u}{\partial x} = \frac{\partial v}{\partial y}, \quad \frac{\partial u}{\partial y} = -\frac{\partial v}{\partial x}$$
を利用して求める．

[解答] $u_x = 3x^2 - 3y^2$, $u_{xx} = 6x$, $u_y = -6xy$, $u_{yy} = -6x$ より
$$\Delta u = u_{xx} + u_{yy} = 6x - 6x = 0$$
となる．したがって $u(x,y)$ は調和関数となる．

共役調和関数 $v(x,y)$ は
$$v_x = -u_y = 6xy$$
$$v_y = u_x = 3x^2 - 3y^2$$
をみたす．第 2 式より $v = 3x^2 y - y^3 + \varphi(x)$．ここで φ は x のみの関数である．これを x で偏微分し，第 1 式とくらべると
$$v_x = 6xy + \varphi'(x) = 6xy$$
となる．これより $\varphi'(x) = 0$，したがって $\varphi(x) = C$（C は定数）となる．以上より
$$v(x,y) = 3x^2 y - y^3 + C$$
が求める共役調和関数となる．

[注意] $f(z) = u(x,y) + iv(x,y)$ とおくと $f(z) = z^3 + iC$ $(z = x+iy)$ となる．

――― 問題 ―――

2.1 関数 $\cos x \sinh y$ を虚部にもつような正則関数を求めよ．

2.2 $u(x,y)$ および $v(x,y)$ が調和関数のとき $f(z) = (u_y - v_x) + i(u_x + v_y)$ は z の正則関数となることを示せ（コーシー・リーマンの方程式を確める）．

---- 例題 3 ―――――――――――――――――――― 調和関数 ――

関数 $f(z)$ が領域 D で正則で，$f(z) \neq 0$ ならば $\log|f(z)|$ は D で調和関数となることを証明せよ．

$f(z) = u(x,y) + iv(x,y)$ とおくと
$$h(x,y) = \log|f(z)| = \frac{1}{2}\log\left(u(x,y)^2 + v(x,y)^2\right)$$
となる．これを偏微分する．

解答 $\dfrac{\partial h}{\partial x} = \dfrac{u_x u + v_x v}{u^2 + v^2}$ となるから

$$\frac{\partial^2 h}{\partial x^2} = \frac{(v_x^2 - u_x^2)(u^2 - v^2) - 4uvu_x v_x + (uu_{xx} + vv_{xx})(u^2 + v^2)}{(u^2 + v^2)^2}$$

となる．同様にして，

$$\frac{\partial^2 h}{\partial y^2} = \frac{(v_y^2 - u_y^2)(u^2 - v^2) - 4uvu_y v_y + (uu_{yy} + vv_{yy})(u^2 + v^2)}{(u^2 + v^2)^2}$$

となる．また $f = u + iv$ は正則だから u, v は調和関数となり

$$\Delta u = u_{xx} + u_{yy} = 0, \quad \Delta v = v_{xx} + v_{yy} = 0$$

となる．さらにコーシー・リーマンの方程式より $u_x = v_y, u_y = -v_x$ となり $\Delta h = 0$ が得られる．

問 題

3.1 正則関数 $f(z)$ に対し，$h(z) = |f(z)|^2$ とおくと，
$$\Delta h = \frac{\partial^2 h}{\partial x^2} + \frac{\partial^2 h}{\partial y^2} = 4|f'(z)|^2$$
となることを証明せよ．

3.2 $h(z) = u(x,y) + iv(x,y)$ とするとき
$$u(x,y) + v(x,y) = (x-y)(x^2 + 4xy + y^2)$$
となるような正則関数 $h(z)$ を求めよ（コーシー・リーマンの方程式を利用する）．

例題 4 ─── 極座標による C–R 方程式

極座標 $x = r\cos\theta,\ y = r\sin\theta$ を用いて，コーシー・リーマンの方程式

$$\frac{\partial u}{\partial x} = \frac{\partial v}{\partial y},\quad \frac{\partial u}{\partial y} = -\frac{\partial v}{\partial x} \qquad ①$$

をつぎのように変形せよ．

$$\frac{\partial u}{\partial r} = \frac{1}{r}\frac{\partial v}{\partial \theta},\quad \frac{\partial v}{\partial r} = -\frac{1}{r}\frac{\partial u}{\partial \theta} \qquad ②$$

$\dfrac{\partial u}{\partial r} = \dfrac{\partial u}{\partial x}\dfrac{\partial x}{\partial r} + \dfrac{\partial u}{\partial y}\dfrac{\partial y}{\partial r},\ \dfrac{\partial u}{\partial \theta} = \dfrac{\partial u}{\partial x}\dfrac{\partial x}{\partial \theta} + \dfrac{\partial u}{\partial y}\dfrac{\partial y}{\partial \theta}$ および同様の v についての関係式を求める．

[解答] $\dfrac{\partial u}{\partial r} = \dfrac{\partial u}{\partial x}\cos\theta + \dfrac{\partial u}{\partial y}\sin\theta,\quad \dfrac{\partial u}{\partial \theta} = \dfrac{\partial u}{\partial x}(-r\sin\theta) + \dfrac{\partial u}{\partial y}r\cos\theta$

同様にして

$$\frac{\partial v}{\partial r} = \frac{\partial v}{\partial x}\cos\theta + \frac{\partial v}{\partial y}\sin\theta,\quad \frac{\partial v}{\partial \theta} = \frac{\partial v}{\partial x}(-r\sin\theta) + \frac{\partial v}{\partial y}r\cos\theta$$

これら 2 つの式とコーシー・リーマンの方程式をあわせて

$$\frac{1}{r}\frac{\partial u}{\partial \theta} = -\frac{\partial u}{\partial x}\sin\theta + \frac{\partial u}{\partial y}\cos\theta = -\left(\frac{\partial v}{\partial y}\sin\theta + \frac{\partial v}{\partial x}\cos\theta\right) = -\frac{\partial v}{\partial r}$$

$$\frac{1}{r}\frac{\partial v}{\partial \theta} = -\frac{\partial v}{\partial x}\sin\theta + \frac{\partial v}{\partial y}\cos\theta = \frac{\partial u}{\partial y}\sin\theta + \frac{\partial u}{\partial x}\cos\theta = \frac{\partial u}{\partial r}$$

となる．逆に最後の 2 式を考えれば，②式より①式が簡単に導かれる．

問題

4.1 関数 $f(z) = \log|z| + i\arg z$ は領域 $D = \{|\arg z| < \pi\}$ で正則となることを証明せよ．またこのときの導関数 $f'(z)$ は

$$f'(z) = u_x + iv_x = \frac{1}{z}$$

と表されることを示せ．

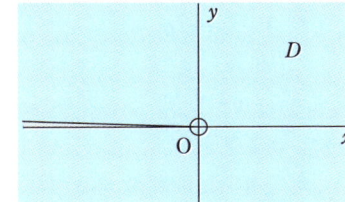

2.2 写像の等角性

●**点における等角性**● C を z_0 を通る滑らかな曲線とする．また $f(z)$ を C を含む領域で正則な関数とする．このとき $w = f(z)$ による C の像 $\Gamma = f(C)$ は w 平面における滑らかな曲線となる．$f'(z_0) \neq 0$ とし，$\alpha = \arg f'(z_0)$ とする．z_0 での C の接線が実軸となす角を θ とすると $w_0 = f(z_0)$ での Γ の接線が実軸となす角は $\theta + \alpha$ となる．

点 z_0 を通るもう 1 つの滑らかな曲線 $\widetilde{C}$ を考える．z_0 における $\widetilde{C}$ の接線が実軸となす角 $\widetilde{\theta}$ とするとき $\psi = \widetilde{\theta} - \theta$ を点 z_0 における C と $\widetilde{C}$ の**交角**という．このとき曲線 $\widetilde{\Gamma} = f(\widetilde{C})$ と Γ との点 $w_0 = f(z_0)$ における交角もまた ψ となる．この性質を指して，$w = f(z)$ は点 z_0 において**等角**であるという．

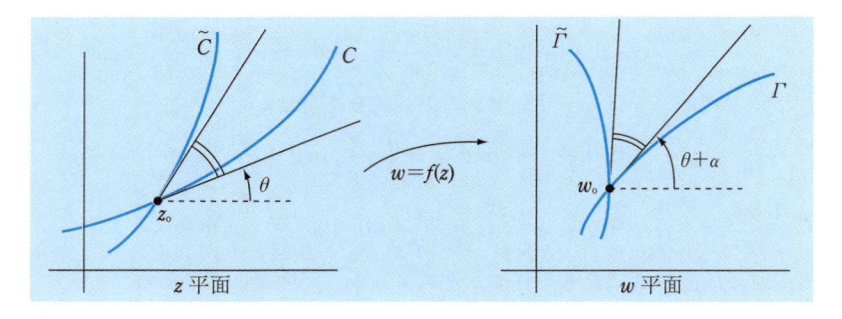

定理 7 関数 $f(z)$ が z_0 で正則で，$f'(z_0) \neq 0$ ならば，写像 $w = f(z)$ は z_0 で等角である．

定理 8 $f(z)$ が $z_0 = x_0 + iy_0$ で正則で $f'(z_0) \neq 0$ とする．このとき
(1) $w = f(z)$ が 2 直線 $x = x_0$, $y = y_0$ をそれぞれ曲線 Γ, $\widetilde{\Gamma}$ に写像すれば，それらは z_0 で直角に交わる．
(2) $f(z) = u(x,y) + iv(x,y)$ とする．このとき z 平面上の 2 曲線
$$u(x,y) = a, \quad v(x,y) = b$$
は点 z_0 で直角に交わる．ただし $a = u(x_0, y_0)$, $b = v(x_0, y_0)$ とする．

$w = f(z)$, $w_0 = f(z_0)$ とし z が z_0 にどのように近づいても，2 つの線分 $\overline{z_0 z}$ と $\overline{w_0 w}$ の長さの比 $|w - w_0|/|z - z_0|$ が一定の値に近づくなら，$f(z)$ は点 z_0 で**線分比一定**であるという．

定理 9 正則関数 $f(z)$ は $f'(z_0) \neq 0$ となる点 z_0 で線分比一定で，その比は $|f'(z_0)|$ となる．

―― 例題 5 ――――――――――――――――――――― 写像 $w = z^2$ ――

写像 $w = z^2$ によって z 平面のつぎの直線は w 平面のどんな曲線に写像されるか図示せよ．ただし $z = x + iy$ とする．
(1) $x = 1$ (2) $y = 1$ (3) $x + y = 1$

$w = z^2 = u + iv$ とおくと
$$u = x^2 - y^2, \quad v = 2xy$$

[解答] (1) $u = 1 - y^2$, $v = 2y$ より，y を消去して，$x = 1$ の像は放物線
$$v^2 = 4(1 - u)$$
となる（下図(1)）．

(2) 同様に $y = 1$ のとき，$u = x^2 - 1$, $v = 2x$ より $y = 1$ の像は放物線
$$v^2 = 4(1 + u)$$
となる（下図(2)）．

(3) $u = (x+y)(x-y) = (x-y) = 2x - 1$, $v = 2x(1-x)$ より x を消去して，放物線
$$u^2 = 1 - 2v$$
となる（下図(3)）．

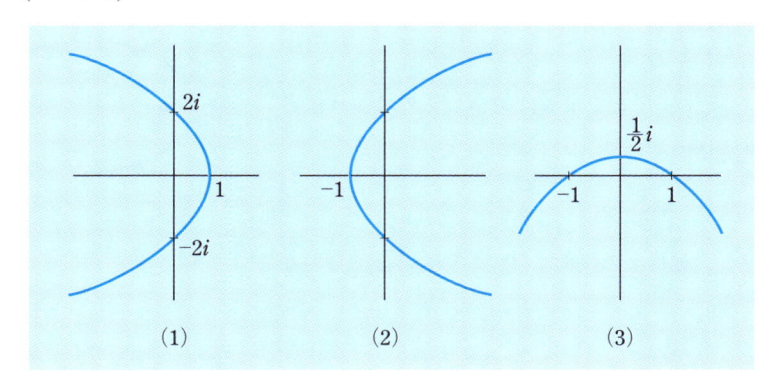

問題

5.1 $w = z^2$ によって，実軸および虚軸はどんな曲線に写像されるか図示せよ．

5.2 $w = z^2$ は $z = 0$ で等角性をもたないことを証明せよ．

―― 例題 6 ――――――――――――――――――――― 写像 $w = z + \dfrac{1}{z}$ ――

(1) $w = z + \dfrac{1}{z}$ により,円 $|z| = r$ はどのような曲線に写像されるか.

(2) 上の関数により領域 $\dfrac{1}{2} < |z| < 1$ が w 平面のどんな領域に写像されるか図示せよ.

$z = r(\cos\theta + i\sin\theta)$ とし,$w = z + \dfrac{1}{z} = u + iv$ とすれば

$$u = \left(r + \frac{1}{r}\right)\cos\theta, \quad v = \left(r - \frac{1}{r}\right)\sin\theta \qquad ①$$

と表せることを利用する.

[解答] (1) $r \neq 1$ のとき上式より θ を消去すると

$$\frac{u^2}{(r + 1/r)^2} + \frac{v^2}{(r - 1/r)^2} = 1$$

となる.$\left(r + \dfrac{1}{r}\right)^2 - \left(r - \dfrac{1}{r}\right)^2 = 4$ であるから,これは点 $2, -2$ を焦点とする楕円を表す.

また $r = 1$ のときは①式より $u = 2\cos\theta$, $v = 0$ となり,-2 と 2 を結ぶ線分 $[-2, 2]$ となる.

(2) $r; \dfrac{1}{2} \to 1$ のとき,$r + \dfrac{1}{r}$ は $\dfrac{5}{2}$ から 2 まで,$\dfrac{1}{r} - r$ は $\dfrac{3}{2}$ から 0 まで単調に減少するので,うつされた領域は楕円

$$\frac{u^2}{(5/2)^2} + \frac{v^2}{(3/2)^2} = 1$$

の内部から,実軸上の区間 $[-2, 2]$ を除いた部分となる.

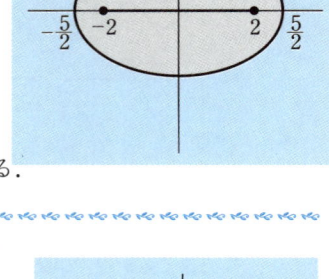

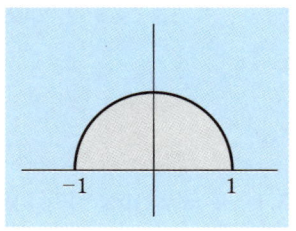

~~~~ **問 題** ~~~~~~~~~~~~~~~~~~~~~~~~~~~~~~~~~~~~

6.1 関数 $w = z + \dfrac{1}{z}$ によって,z 平面上の右図の領域は w 平面の下半平面

$$\operatorname{Im} w < 0$$

に写像されることを示せ.

6.2 関数 $w = z - \dfrac{1}{z}$ により円 $|z| = 2$ はどのような曲線に写像されるか.

2.3 1次関数

● **1次関数** ●　a, b, c, d を複素数とするとき，
$$w = f(z) = \frac{az+b}{cz+d}, \quad ad-bc \neq 0$$
を **1次分数関数** または単に **1次関数** という．基本的なつぎの1次関数を考える．
(1)　$w = z + \alpha$．z をベクトル α だけ平行移動して得られる．
(2)　$w = \alpha z \, (\alpha \neq 0)$．$z$ を原点の周りに $\arg \alpha$ だけ回転し，さらにこれを $|\alpha|$ 倍して得られる．
(3)　$w = \dfrac{1}{z}$．z と同じ方向で，長さ $1/|z|$ の点を，x 軸に対称に折り返した点として得られる．

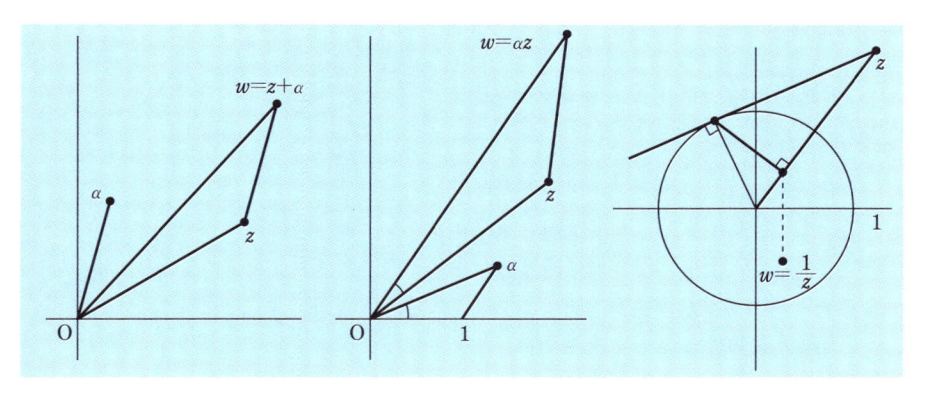

定理 10　一般の1次関数はこれら(1), (2), (3)を合成したものである．

● **1次関数の性質** ●

定理 11　（**円円対応**）　1次関数は円を円に写像する．ただし直線も半径が無限大の円とみなす．

定理 12　1次関数により点 z_1, z_2, z_3, z_4 が各々 w_1, w_2, w_3, w_4 に写像されるとき
$$\frac{w_1 - w_3}{w_1 - w_4} : \frac{w_2 - w_3}{w_2 - w_4} = \frac{z_1 - z_3}{z_1 - z_4} : \frac{z_2 - z_3}{z_2 - z_4}$$
となる．ここで z_i, w_j は無限遠点 ∞ であってもよい．
この比をそれぞれ w_1, w_2, w_3, w_4 および z_1, z_2, z_3, z_4 の **非調和比**
半径 r の円の中心 a を通る半直線上の2点 $z_1 z_2$ が
$$|z_1 - a| \cdot |z_2 - a| = r^2$$

となるとき，z_1 と z_2 はこの円に関して互いに**鏡像**であるという．また1つの直線に関して互いに対称となる2点 z_1, z_2 をこの直線に関して互いに**鏡像**であるという．

定理13 z_1 と z_2 が円 C に関して互いに鏡像とする．1次関数によって，z_1, z_2 が w_1, w_2 へ，円 C が円 Γ へうつるなら w_1, w_2 は Γ に関して互いに鏡像となる．

● **特殊な 1 次関数** ●

(1) 単位円を単位円にうつし，点 a で値が 0 となる 1 次関数は

$$w = c\frac{z-a}{1-\bar{a}z} \quad (|c|=1,\ |a|\neq 1)$$

となる．$|a|<1$ のとき単位円の内部は内部に，外部は外部に，また $|a|>1$ のとき内部は外部に，外部は内部にうつされる (右図参照).

(2) 実軸を単位円に，点 a を O にうつす 1 次関数は

$$w = c\frac{z-a}{z-\bar{a}} \quad (|c|=1,\ \mathrm{Im}\,a \neq 0)$$

となる．$\mathrm{Im}\,a > 0$ ならば上半平面は単位円の内部に，$\mathrm{Im}\,a < 0$ ならば上半平面は単位円の外部にうつされる (右図参照).

(3) 実軸を実軸にうつす 1 次関数は

$$w = \frac{\alpha z + \beta}{\gamma z + \delta}$$

($\alpha, \beta, \gamma, \delta$ は実数，$\alpha\delta - \beta\gamma \neq 0$) によって与えられる．このとき $\alpha\delta - \beta\gamma > 0$ ならば上半平面は上半平面へうつされ，また $\alpha\delta - \beta\gamma < 0$ ならば上半平面は下半平面へうつされる (右図および問題 8.1 参照).

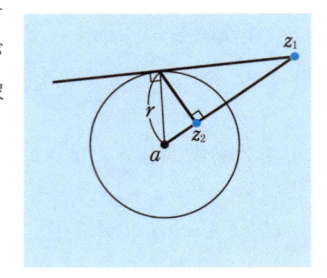

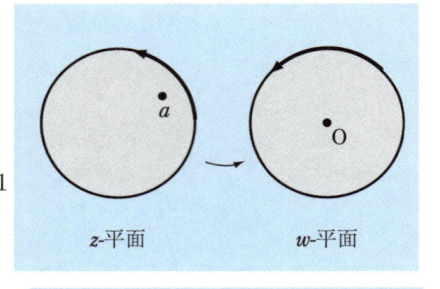

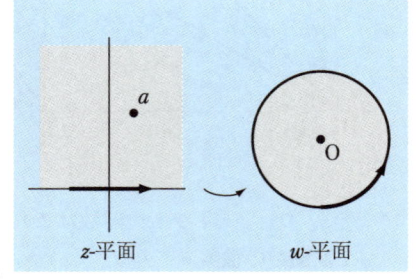

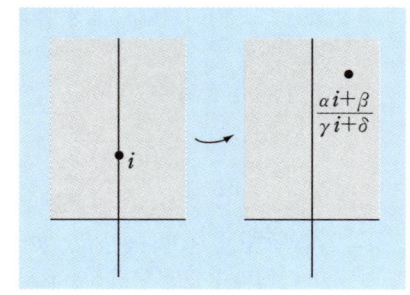

例題 7 ───── 1次関数の決定 (1)

z 平面の異なる任意の 3 点 a, b, c を w 平面の 3 点 $0, \infty, 1$ に写像する 1 次関数を求めよ.

解答　1次関数は非調和比を不変にする (定理 3) から, a, b, c, z および $0, \infty, 1, w$ の非調和比は一致する.

$$\frac{a-c}{a-z} : \frac{b-c}{b-z} = \frac{0-1}{0-w} : \frac{\infty-1}{\infty-w}$$

となる. これらの比の値を求めて

$$\frac{b-z}{a-z} \cdot \frac{a-c}{b-c} = \frac{1}{w}$$

これより

$$w = \frac{b-c}{a-c} \cdot \frac{z-a}{z-b}$$

を得る.

注意　一般に z 平面の点 z_1, z_2, z_3 をそれぞれ w 平面の点 w_1, w_2, w_3 にうつす 1 次関数は一通りに定まる. すなわち 1 次関数はその 3 点の像で定まる.

問 題

7.1　z 平面の $0, 1, 3$ を w 平面の $-1, 0, \dfrac{1}{2}$ にうつす 1 次関数を求めよ.

7.2　$z = x+iy$ とする. このとき $w = \dfrac{1}{z}$ によって領域 $D = \{(x,y) : x > 1,\ y > 0\}$ はどのような集合にうつされるか示せ. また直線 $x+y = 1$ は $w = \dfrac{1}{z}$ によってどんな曲線となるか調べよ.

7.3　$\dfrac{az+b}{cz+d} = z$ をみたす点 z を**不動点**という.

(1)　$w = \dfrac{z-1}{z+1}$ の不動点を求めよ.

(2)　$-1, 1$ を不動点とする 1 次関数の一般形を求めよ.

―― 例題 8 ―――――――――――――――――――― 1 次関数の決定 (2) ――

つぎの条件をみたす 1 次関数を求めよ．
(1) 単位円 $|z|=1$ を円 $|w|=2$ にうつす．
(2) $z=\dfrac{1}{2}, 3$ を，それぞれ $0, -10i$ にうつす．

条件(1)をみたす 1 次関数は
$$w = 2c\frac{z-a}{1-\bar{a}z} \quad (|a| \neq 1,\ |c|=1) \qquad ①$$
と表せる (2.3 節 特殊な 1 次関数(1)と，半径が 2 倍になることに注意する)．

解答 $w\left(\dfrac{1}{2}\right)=0$ より①式において $a=\dfrac{1}{2}$ となる．

$$w = 2c\frac{z-\dfrac{1}{2}}{1-\dfrac{1}{2}z} = 2c\frac{2z-1}{2-z}$$

となる．また $w(3)=-10i$ より，上式から $-10i = -10c$ となり $c=i$
$$w = 2i\frac{2z-1}{2-z}$$
が求める 1 次関数となる．

〜〜 **問 題** 〜〜〜〜〜〜〜〜〜〜〜〜〜〜〜〜〜〜〜〜〜〜〜〜〜〜〜〜〜〜〜

8.1 $\alpha, \beta, \gamma, \delta$ が実数で $\alpha\delta - \beta\gamma > 0$ とする．このとき 1 次関数
$$w = \frac{\alpha z + \beta}{\gamma z + \delta}$$
は実軸を実軸にうつし，また上半平面を上半平面にうつすことを示せ．

8.2 つぎの条件をみたす 1 次関数 $w=\dfrac{az+b}{cz+d}$ を求めよ．

(1) 単位円 $|z|=1$ を単位円 $|w|=1$ にうつす．
(2) $z=\dfrac{1}{2}, 3$ をそれぞれ $w=0, -5$ にうつす．

例題 9 ━━━━━━━━━━━━━━━ 特別な写像 ━

1次関数 $w = \dfrac{z-a}{z-\bar{a}}$ ($\operatorname{Im} a > 0$) について,つぎを証明せよ.

(1) z 平面の実軸は,w 平面の単位円に写像される.
(2) $\operatorname{Im} z > 0$ となる必要十分条件は $|w| < 1$ となる.
(3) $z_1, \overline{z_1}$ がそれぞれ w_1, w_2 に写像されれば w_2 は w_1 の単位円に関する鏡像である.

(1) $z = \bar{z}$ のとき $|w| = 1$ を示す.(2) $|w| < 1$ と $|z-a| < |z-\bar{a}|$ が同値となる.(3) $w_2 = \dfrac{1}{\overline{w_1}}$ を示す.

解答 (1) 実軸上の点 z は $z = \bar{z}$ となる.$z - \bar{a} = \bar{z} - \bar{a} = \overline{z-a}$ より
$$|z - \bar{a}| = |\overline{z-a}| = |z-a|$$
したがって $|w| = 1$ となり,実軸は w 平面の単位円に写像される.

(2) a と $\bar{a}$ は実軸に関して対称の位置にあり,a は上半平面上にある.$z = x + iy$ とすると,$y > 0$ のとき $\operatorname{Im} a > 0$ より
$$|z-a|^2 = (x - \operatorname{Re} a)^2 + (y - \operatorname{Im} a)^2 < (x - \operatorname{Re} a)^2 + (y + \operatorname{Im} a)^2 = |z - \bar{a}|^2$$
となり $|w| < 1$ となる.また逆も成り立つ (右図参照).

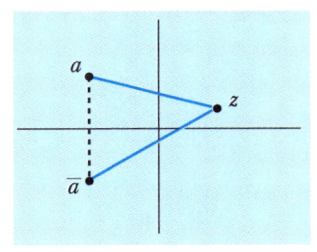

(3) $w_1 = \dfrac{z_1 - a}{z_1 - \bar{a}}$ より
$$\overline{w_1} = \overline{\left(\dfrac{z_1 - a}{z_1 - \bar{a}}\right)} = \dfrac{\bar{z}_1 - \bar{a}}{\bar{z}_1 - a}, \quad w_2 = \dfrac{\bar{z}_1 - a}{\bar{z}_1 - \bar{a}} = \dfrac{1}{\overline{w_1}}$$
となり,w_2 は w_1 の鏡像となる.

━━━ 問 題 ━━━

9.1 つぎの条件をみたす 1 次関数 $w = \dfrac{az+b}{cz+d}$ を求めよ.

(1) 単位円 $|z| = 1$ を w 平面の実軸にうつす.
(2) 点 $z = 0, i$ をそれぞれ点 $w = -i, 0$ にうつす.

演習問題

演習 1 コーシー・リーマンの関係式により，つぎの関数の正則性を調べよ．
　　(1)　$f(z) = \bar{z}$　　(2)　$f(z) = x^2 + iy^2$

演習 2 $f(z)$ が z_0 で微分可能ならば，$g(z) = \overline{f(\bar{z})}$ は $\bar{z}_0$ で微分可能で
$$g'(\bar{z}_0) = \overline{f'(z_0)}$$
となることを示せ．

演習 3 $f(z)$ は領域 D で正則とする．このときつぎを証明せよ．
　　(1)　$\operatorname{Re} f(z)$ が定数ならば，$f(z)$ は定数である．
　　(2)　$\overline{f(z)}$ が正則ならば，$f(z)$ は定数である．

演習 4 $u(x,y) = ax^3 + bx^2 y + 3xy^2 + y^3$ が調和関数となるように実数係数 a, b を定めよ．

演習 5 $f(z)$ が正則のとき $h = |f(z)|^2$ とおく．このとき $\Delta h = 4|f'(z)|^2$ (問題 4.1) を用いて，
$$h \Delta h = \left(\frac{\partial h}{\partial x}\right)^2 + \left(\frac{\partial h}{\partial y}\right)^2$$
となることを証明せよ．

演習 6 正則関数 $f(z)$ に対して，$f'(z_0) \neq 0$ となる点 z_0 を定める．このとき
$$r = |f'(z_0)|, \quad \theta = \arg(f'(z_0))$$
をそれぞれ，点 z_0 における $f(z)$ の **拡大係数**，**回転角** という．$f(z) = 1/z$ についてつぎの問に答えよ．
　　(1)　$z_0 = 1 + i$ における拡大係数，回転角を求めよ．
　　(2)　拡大係数 >2, 回転角 $\pi/2$ となる点 z_0 の範囲を図示せよ．

演習 7 z 平面上の円 $|z| = r$ を w 平面上の円 $|w - \beta| = 1$ に写像する 1 次関数を求めよ．

演習 8 $w = \dfrac{(2+i)z + (3+4i)}{z}$ で z が単位円周上を正の方向に一周するとき w はどのような曲線を描くか．

3 整級数と初等関数

3.1 整級数

● **関数項の級数** ● 複素数平面 C の部分集合 S で定義された関数列 $\{f_n(z)\}$ に対して,
$$F_n(z) = f_1(z) + f_2(z) + \cdots + f_n(z)$$
とおく. 関数列 $\{F_n(z)\}$ が S において $F(z)$ に収束するとき, 関数項の級数 $\sum_{n=1}^{\infty} f_n(z)$ は S において**収束する**という. このとき $F(z) = \sum_{n=1}^{\infty} f_n(z)$ と書く.

● **整級数の収束** ● a と $a_n\,(n \geqq 0)$ を定数とする. このときつぎの関数項の級数
$$\sum_{n=0}^{\infty} a_n (z-a)^n = a_0 + a_1(z-a) + a_2(z-a)^2 + \cdots$$
を**整級数**(または**べき級数**)といい, a をその中心, a_n をその係数という.

$z - a = \zeta$ とおくと, 上の級数は $\sum_{n=0}^{\infty} a_n \zeta^n$ となるから, 通常は 0 を中心とする整級数 $\sum_{n=0}^{\infty} a_n z^n$ だけを考える.

定理 1 (1) 整級数 $\sum_{n=0}^{\infty} a_n z^n$ が 1 つの値 $z_0 (\neq 0)$ で収束すれば, $|z| < |z_0|$ となるすべての z に対して絶対収束する.

(2) 整級数 $\sum_{n=0}^{\infty} a_n z^n$ が 1 つの値 z_0 で発散すれば, $|z_0| < |z|$ をみたすすべての z で発散する.

この定理より整級数 $\sum_{n=0}^{\infty} a_n z^n$ に対して,ある r $(0 \leqq r \leqq \infty)$ が定まり,この整級数は $|z| < r$ で絶対収束し,$|z| > r$ で発散する.このような r を整級数の**収束半径**といい,開円板 $\{z ; |z| < r\}$ を**収束円**という.収束円の円周上では収束することも発散することも起こり得る.

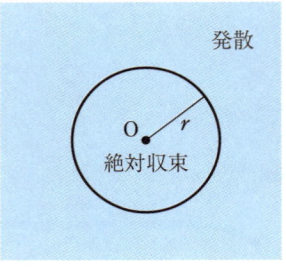

定理 2 整級数 $\sum_{n=0}^{\infty} a_n z^n$ において,収束半径はつぎのように求められる.

(1) $\rho = \lim_{n \to \infty} \left| \dfrac{a_{n+1}}{a_n} \right|$ が存在すれば,$r = \dfrac{1}{\rho}$ となる (ダランベールの公式).

(2) $\rho = \lim_{n \to \infty} \sqrt[n]{|a_n|}$ が存在すれば,$r = \dfrac{1}{\rho}$ となる (コーシー・アダマールの公式).

ただし $\rho = 0$ のとき,$r = \infty$,また $\rho = \infty$ のとき $r = 0$ とする.

定理 3 $\sum_{n=0}^{\infty} a_n z^n, \sum_{n=0}^{\infty} b_n z^n$ が $|z| < r$ で絶対収束するとする.このとき係数

$$c_n = a_0 b_n + a_1 b_{n-1} + \cdots + a_k b_{n-k} + \cdots + a_n b_0$$

で与えられる整級数 $\sum_{n=0}^{\infty} c_n z^n$ もまた $|z| < r$ で絶対収束し,その和はつぎをみたす.

$$\sum_{n=0}^{\infty} c_n z^n = \left(\sum_{n=0}^{\infty} a_n z^n \right) \cdot \left(\sum_{n=0}^{\infty} b_n z^n \right)$$

● **整級数の微分** ● 整級数はその収束円内で何回でも微分できる.

定理 4 $f(z)$ が a を中心とする収束半径 $r > 0$ の整級数によって

$$f(z) = \sum_{n=0}^{\infty} a_n (z - a)^n$$

と表されるとする.このとき $f(z)$ は収束円 $|z - a| < r$ で正則で,何回でも微分可能でその k 階導関数は

$$f^{(k)}(z) = \sum_{n=k}^{\infty} n(n-1) \cdots (n-k+1) a_n (z-a)^{n-k} \quad (k = 1, 2, \cdots)$$

となる.このとき右辺の整級数の収束半径もまた r となる.

上の定理において $z = a$ とすると
$$f^k(a) = k! a_k \quad (k = 0, 1, \cdots)$$
となる．これより
$$f(z) = \sum_{k=0}^{\infty} a_k (z-a)^k = \sum_{k=0}^{\infty} \frac{f^{(k)}(a)}{k!} (z-a)^k$$
となる．この級数を**テーラー級数**という．とくに $a = 0$ のとき**マクローリン級数**とよばれる．

　追記　後 (6 章や 7 章) になって収束と連続性を考えるときには，一様収束の考えがもととなる．関数項の級数 $F(z) = \sum_{n=1}^{\infty} f_n(z)$ において，上記のように $F_n(z)$ を n 個の部分和とする．$\{F_n(z)\}$ が S において $F(z)$ に**一様収束する**とは，
$$\sup\{|F_n(z) - F(z)| \,; z \in S\} \to 0 \quad (n \to \infty)$$
となることである．このとき $\sum_{n=0}^{\infty} f_n(z)$ は S において**一様収束する**という．

定理 5　各 $f_n(z)$ が $\mathbf{C}$ の部分集合 S で連続で $\sum_{n=1}^{\infty} f_n(z)$ が S で一様収束するならば $F(z) = \sum_{n=1}^{\infty} f_n(z)$ は S で連続となる．

定理 6　(**優級数定理**)　S 上で定義された関数列 $\{f_n(z)\}$ に対して，
$$|f_n(z)| \leqq M_n \quad (\text{すべての } z \in S \text{ に対して})$$
となる正数列 M_n があり，$\sum_{n=1}^{\infty} M_n$ が収束すれば $\sum_{n=1}^{\infty} f_n(z)$ は S で一様収束する．
整級数 $\sum_n a_n z^n$ の収束半径を $r > 0$ とするとき，$r > r' > 0$ となる r' に対してこの整級数は閉円板 $|z| \leqq r'$ 上で一様収束する．

例題 1 ─────────────────────────── 収束半径の決定 ─

つぎの整級数の収束半径を求めよ．

(1) $\displaystyle\sum_{n=0}^{\infty} \frac{1}{(n+1)2^n} z^n$ (2) $\displaystyle\sum_{n=0}^{\infty} \frac{(n!)^2}{(2n+1)!} z^{2n}$ (3) $\displaystyle\sum_{n=1}^{\infty} \frac{z^n}{n^{2n}}$

(1)ではダランベールの公式を，(2)では $w=z^2$ とおいてダランベールの公式を用いる．(3)はコーシー・アダマールの公式を用いる．

解答 (1) $a_n = \dfrac{1}{(n+1)2^n}$ とおくと，$\left|\dfrac{a_{n+1}}{a_n}\right| = \dfrac{n+1}{n+2} \cdot \dfrac{1}{2} \to \dfrac{1}{2}\,(n\to\infty)$ より収束半径は 2 となる．

(2) $a_n = \dfrac{(n!)^2}{(2n+1)!}$ とおくと，$\left|\dfrac{a_{n+1}}{a_n}\right| = \dfrac{(n+1)^2}{(2n+3)(2n+2)} \to \dfrac{1}{4}\,(n\to\infty)$ より $\displaystyle\sum_{n=0}^{\infty} a_n w^n$ の収束半径は 4 となる．したがって $\displaystyle\sum_{n=0}^{\infty} a_n z^{2n}$ は $|z^2|<4$ のとき絶対収束し，$|z^2|>4$ のとき発散する．求める収束半径は $r=\sqrt{4}=2$ である．

(3) $a_n = \dfrac{1}{n^{2n}}$ とおくと $\sqrt[n]{|a_n|} = \dfrac{1}{n^2} \to 0\,(n\to\infty)$．これより収束半径 $r=\infty$ となる．

注意 (1)の整級数はその収束円周上 $z=2$ で発散し，$z=-2$ で交代級数より，収束する．一般に収束円周上の点では収束する場合も発散する場合もある．

問題

1.1 つぎの整級数の収束半径を求めよ．

(1) $\displaystyle\sum_{n=1}^{\infty} \frac{n!}{n^n} z^n$ (2) $\displaystyle\sum_{n=1}^{\infty} \frac{(1+i)^n}{n^2} z^n$

(3) $\displaystyle\sum_{n=0}^{\infty} \frac{p(p-1)(p-2)\cdots(p-n+1)}{n!} z^n$

1.2 整級数が収束円の周上の 1 点で絶対収束すれば，周上での点でも絶対収束することを証明せよ．またそのような整級数の例を挙げよ．

1.3 $\displaystyle\sum_{n=0}^{\infty} a_n z^n$ の収束半径が r のとき $\displaystyle\sum_{n=0}^{\infty} a_n z^{2n}$ の収束半径は $\sqrt{r}$ となることを示せ（上の例題 1 (2) の解答を参考に考える）．

例題 2 ——————— 項別微分の応用 ———

等比級数の和の公式 $\sum_{n=0}^{\infty} z^n = \dfrac{1}{1-z}$ ($|z|<1$) を利用し，整級数 $\sum_{n=1}^{\infty} n^2 z^n$ ($|z|<1$) の和を求めよ．

項別微分を利用すると次の式が示される．

$$\sum_{n=1}^{\infty} n z^n = \frac{z}{(1-z)^2} \quad (|z|<1)$$

解答 (1) 式をさらに項別微分して，

$$\sum_{n=1}^{\infty} n^2 z^{n-1} = \frac{(1-z)^2 + 2z(1-z)}{(1-z)^4} = \frac{1+z}{(1-z)^3}$$

を得る．これより両辺に z を乗じて

$$\sum_{n=1}^{\infty} n^2 z^n = \frac{z(1+z)}{(1-z)^3}$$

を得る．

問題

2.1 つぎの整級数の和を求めよ．ただし $|z|<1$ とする．

(1) $\displaystyle\sum_{n=0}^{\infty} (i^n + n) z^n$　　(2) $\displaystyle\sum_{n=1}^{\infty} n(n-1) z^{2n}$

2.2 k を自然数とするとき，つぎの式を証明せよ．

$$\frac{1}{(1-z)^{k+1}} = \sum_{m=0}^{\infty} \binom{m+k}{k} z^m \quad (|z|<1)$$

2.3 2つの整級数 $f(z) = \displaystyle\sum_{n=0}^{\infty} a_n z^n, g(z) = \displaystyle\sum_{n=0}^{\infty} b_n z^n$ が $|z|<r$ で収束し，$f(z) = g(z)$ が成り立つなら

$$a_n = b_n \quad (n=0,1,2,\cdots)$$

となることを証明せよ (n 階微分と係数の関係を利用する)．

3.2 指数関数と三角関数

● **指数関数** ● 　指数関数 e^z をつぎの収束半径 ∞ の整級数で定義する．
$$e^z = \sum_{n=0}^{\infty} \frac{z^n}{n!} = 1 + \frac{z}{1!} + \frac{z^2}{2!} + \cdots + \frac{z^n}{n!} + \cdots$$
e^z を $\exp z$ と書くこともある．

定理 7 　（1） 　e^z は複素数平面全体で正則で，$(e^z)' = e^z$ となる．
（2） 　（加法定理） 　$e^{z_1+z_2} = e^{z_1} \cdot e^{z_2}$
（3） 　（オイラーの公式） 　$e^{i\theta} = \cos\theta + i\sin\theta$ 　（θ は実数）
（4） 　$z = x + iy$ とするとき
$$e^z = e^x \cdot e^{iy} = e^x(\cos y + i\sin y)$$
（5） 　e^z は周期 $2\pi i$ の周期関数となる．すなわち
$$e^{z+2n\pi i} = e^z \quad (n \text{ は整数})$$

この定理の（3）より z の極形式 $z = r(\cos\theta + i\sin\theta)$ は $z = re^{i\theta}$ と表せる．また（4）より $e^z = 1$ となる必要十分条件は $z = 2n\pi i$（n は整数）となる．

定理 8 　写像 $w = e^z$ により z 平面上の虚軸に平行な直線 $x = a$ は w 平面の半径 e^a の円 $|w| = e^a$ へまた実軸に平行な直線 $y = b$ は半直線 $\arg w = b$ へ写像される．

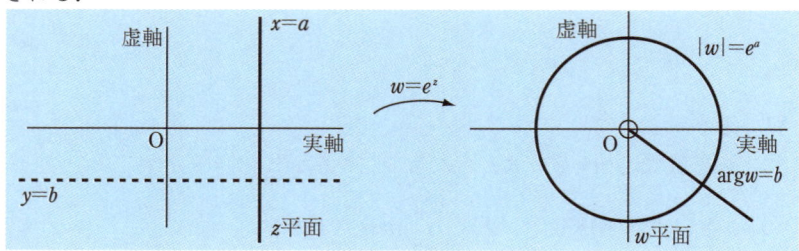

系 　写像 $w = e^z$ により，z 平面における集合 $\{z; z = x + iy, -\pi < y \leq \pi\}$ は $\{w; w \neq 0\}$ に 1 対 1 に写像される．

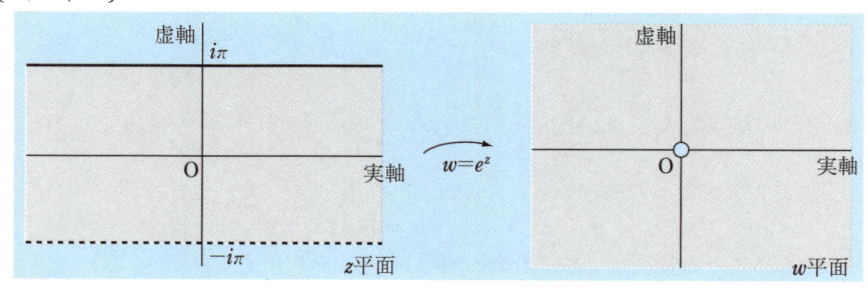

● 三角関数 ●
複素変数の**正弦関数** $\sin z$ と**余弦関数** $\cos z$ をつぎの式で定義する．

$$\sin z = \frac{e^{iz} - e^{-iz}}{2i}, \quad \cos z = \frac{e^{iz} + e^{-iz}}{2}$$

このとき，つぎのように整級数で表せる．

$$\begin{cases} \sin z = \sum_{n=0}^{\infty} \frac{(-1)^n}{(2n+1)!} z^{2n+1} = z - \frac{z^3}{3!} + \frac{z^5}{5!} - \cdots \\ \cos z = \sum_{n=0}^{\infty} \frac{(-1)^n}{(2n)!} z^{2n} = 1 - \frac{z^2}{2!} + \frac{z^4}{4!} - \cdots \end{cases}$$

また，つぎの公式が成立する．

（1）　$\sin^2 z + \cos^2 z = 1$　（平方定理）

（2）　$\sin(-z) = -\sin z, \quad \cos(-z) = \cos z$

（3）　$\begin{cases} \sin(z_1 + z_2) = \sin z_1 \cos z_2 + \cos z_1 \sin z_2 \\ \cos(z_1 + z_2) = \cos z_1 \cos z_2 - \sin z_1 \sin z_2 \end{cases}$　（加法定理）

（4）　$(\sin z)' = \cos z, \quad (\cos z)' = -\sin z$

他の三角関数は $\sin z$ と $\cos z$ をもとにして，つぎのように定義される．

$$\tan z = \frac{\sin z}{\cos z}, \quad \cot z = \frac{\cos z}{\sin z}, \quad \sec z = \frac{1}{\cos z}, \quad \operatorname{cosec} z = \frac{1}{\sin z}$$

● 双曲線関数 ●
双曲線関数をつぎのように定義する．

$$\sinh z = \frac{e^z - e^{-z}}{2}, \quad \cosh z = \frac{e^z + e^{-z}}{2}, \quad \tanh z = \frac{\sinh z}{\cosh z} = \frac{e^z - e^{-z}}{e^z + e^{-z}}$$

このとき三角関数と類似な公式が成り立つ．

（1）　$\cosh^2 z - \sinh^2 z = 1$

（2）　$\sinh(-z) = -\sinh z, \quad \cosh(-z) = \cosh z$

（3）　$\begin{cases} \sinh(z_1 + z_2) = \sinh z_1 \cosh z_2 + \cosh z_1 \sinh z_2 \\ \cosh(z_1 + z_2) = \cosh z_1 \cosh z_2 + \sinh z_1 \sinh z_2 \end{cases}$

（4）　$(\sinh z)' = \cosh z, \quad (\cosh z)' = \sinh z$

三角関数と双曲線関数の間には，つぎの関係がある．

$$\sinh iz = i \sin z, \quad \sin iz = i \sinh z$$
$$\cosh iz = \cos z, \quad \cos iz = \cosh z$$

例題 3 ──────────────────────────────── e^z の性質 (定理 7) ──

整級数 $f(z) = \sum_{n=0}^{\infty} \dfrac{z^n}{n!}$ について，つぎを示せ．

(1) この整級数の収束半径は ∞ となる． (2) $f'(z) = f(z)$ $(z \in \boldsymbol{C})$
(3) $f(z+w) = f(z) \cdot f(w)$ $(z, w \in \boldsymbol{C})$

---

(1) ダランベールの公式を用いる．(2) 項別微分して係数をくらべる．(3) 3.1 節定理 3 を利用する．

[解答] (1) $a_n = \dfrac{1}{n!}$ とおくと，$\left|\dfrac{a_{n+1}}{a_n}\right| = \dfrac{1}{n+1} \to 0$ $(n \to \infty)$ となる．これより収束半径 $r = \infty$ となる．

(2) この級数は (1) より平面全体で収束するから $f(z)$ はそこで正則となる．3.1 節定理 4 より項別微分して

$$f'(z) = \sum_{n=0}^{\infty} \frac{(z^n)'}{n!} = \sum_{n=1}^{\infty} \frac{z^{n-1}}{(n-1)!} = \sum_{n=0}^{\infty} \frac{z^n}{n!} = f(z)$$

(3) すべての z, w に対して，$\sum_{n=0}^{\infty} \dfrac{z^n}{n!}, \sum_{n=0}^{\infty} \dfrac{w^n}{n!}$ は絶対収束するから，3.1 節定理 3 より，

$$f(z)f(w) = \sum_{n=0}^{\infty} \left(\frac{z^n}{n!} + \frac{z^n}{(n-1)!}w + \cdots + \frac{z^{n-k}w^k}{(n-k)!k!} + \cdots + \frac{w^n}{n!} \right)$$

一方 2 項定理より

$$\frac{(z+k)^n}{n!} = \frac{1}{n!} \left(z^n + nz^{n-1}w + \cdots + \frac{n!}{(n-k)!k!}z^{n-k}w^k + \cdots + w^n \right)$$

となるから $f(z)f(w) = \sum_{n=0}^{\infty} \dfrac{(z+w)^n}{n!} = f(z+w)$

問題

3.1 上の例題の $f(x)$ を用いて，$g(z) = \dfrac{1}{2}\{f(iz) + f(-iz)\}$ とおくとき，

$$g(z) = \sum_{m=0}^{\infty} \frac{(-1)^m}{(2m)!} z^{2m}$$

を証明せよ．

3.2 項別微分して，係数を比較することにより，収束半径 $r > 0$ の整級数 $f(z) = \sum_{n=0}^{\infty} a_n z^n$ が $|z| < r$ において $f'(z) = f(z)$ をみたすものを求めよ．またこのときの収束半径 r の値を求めよ．

例題 4 ─────────────────────── 指数・三角方程式

つぎの方程式を解け．
(1) $e^z = 1+i$ (2) $\cos z = 2i$

(1) $z = x+iy$ とおき絶対値と偏角をくらべる．(2) $\cos z$ の定義を用い e^{iz} の値を求めよ．

[解答] (1) $1+i = \sqrt{2}e^{i\pi/4}$ となることにより
$$e^z = e^{x+iy} = e^x \cdot e^{iy} = \sqrt{2}e^{i\pi/4}$$
これより $e^x = \sqrt{2}$ および $y = \dfrac{\pi}{4} + 2n\pi$ (n は整数) となる．したがって $x = \log_e \sqrt{2}$ となり
$$z = \frac{1}{2}\log_e 2 + i\left(\frac{1}{4} + 2n\right)\pi$$

(2) $w = e^{iz}$ とおくと $\cos z = \dfrac{1}{2}\left(w + \dfrac{1}{w}\right) = 2i$ より $w^2 - 4iw + 1 = 0$ となる．この 2 次方程式の根は $w = (2\pm\sqrt{5})i$ となる．$z = x+iy$ とおくと
$$w = e^{iz} = e^{ix}e^{-y} = (2\pm\sqrt{5})i$$
これより (1) と同様にして $x = \left(\pm\dfrac{1}{2} + 2n\right)\pi$,
$$z = \left(\pm\frac{1}{2} + 2n\right)\pi - i\log_e(\sqrt{5}\pm 2) \quad \text{(複号同順)}$$

問 題

4.1 つぎの値を求めよ．
 (1) $e^{-i\pi} - e^{i\pi/4}$ (2) $\cosh\dfrac{\pi}{2}i$ (3) $\cos\left(\dfrac{\pi}{4} + i\right)$

4.2 つぎの方程式を解け．
 (1) $e^{3z} + ie^z = 0$ (2) $\cosh z = i$

4.3 つぎを証明せよ．
 (1) $z = re^{i\theta}$ のとき，$|e^{iz}| = e^{-r\sin\theta}$
 (2) $0 \leqq |z| \leqq 1$ のとき $|e^z - 1 - z| \leqq \dfrac{3}{4}|z|^2$ $\left(|z|^n \leqq |z|\ \text{と},\ e - 2 = \displaystyle\sum_{n=2}^{\infty}\frac{1}{n!}\right.$ を利用する$\bigg)$

―― 例題 5 ――――――――――――――――――――――― $w = \cos z$ による写像 ――

$z = x + iy$ とおく. $w = \cos z$ により z 平面上の直線 $x = c$, および $y = d$ は w 平面上のどんな図形へ写像されるか示せ.

$w = u(x,y) + iv(x,y)$ とおいて u, v を x, y の関数として表す.

[解答] $\cos z$ の定義より
$$u + iv = \frac{1}{2}\left(e^{i(x+iy)} + e^{-i(x+iy)}\right)$$
$$= \frac{e^y + e^{-y}}{2}\cos x - i\frac{e^y - e^{-y}}{2}\sin x$$

となる. したがって
$$u = \frac{e^y + e^{-y}}{2}\cos x, \quad v = -\frac{e^y - e^{-y}}{2}\sin x$$

ここで, $x = c$ とおき y を消去すると,
$$\frac{u^2}{\cos^2 c} - \frac{v^2}{\sin^2 c} = 1 \quad (双曲線)$$

$y = d$ として x を消去すると,
$$\frac{u^2}{\cosh^2 d} + \frac{v^2}{\sinh^2 d} = 1 \quad (楕円)$$

となる.

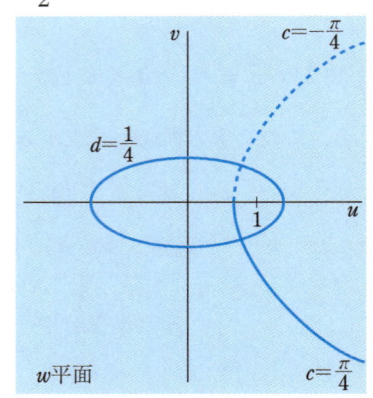

≈≈ 問 題 ≈≈≈≈≈≈≈≈≈≈≈≈≈≈≈≈≈≈≈≈≈≈≈≈≈≈≈≈≈≈≈

5.1 $\sin z = u(x,y) + iv(x,y)\ (z = x + iy)$ とおくとき $u(x,y), v(x,y)$ を求めよ.

5.2 $w = e^{iz} + 1$ によって z 平面の右図の領域 D が w 平面のどんな領域に写像されるか図示せよ.

5.3 $w = \dfrac{e^z + 1}{e^z - 1}$ は, z 平面の直線 $y = \pi$ を w 平面のどんな曲線に写像するか図示せよ.

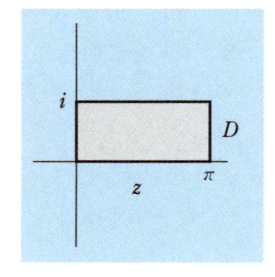

3.3 対数関数と累乗関数

●**対数関数**● $z(\neq 0)$ に対し,$z = e^w$ をみたす w を
$$w = \log z$$
と書き,**対数関数**という.$z = re^{i\theta}$ とおくと,
$$w = \log z = \log_e r + i(\theta + 2n\pi) \quad (n \text{ は整数})$$
となり,$\log z$ は $2\pi i$ を周期とする無限多価関数である.とくに $-\pi < \operatorname{Im} w \leqq \pi$ の範囲に制限すると $\operatorname{Im} w = \operatorname{Arg} z$ (z の偏角の主値) となる.このとき得られる z の 1 価関数を $\log z$ の**主値**といい,$\operatorname{Log} z$ で表す:
$$\operatorname{Log} z = \log|z| + i\operatorname{Arg} z$$

定理 9 対数の主値 $\operatorname{Log} z$ は $D = \boldsymbol{C} - \{x ; x \leqq 0 \text{ となる実数}\}$ 上で正則で
$$(\operatorname{Log} z)' = \frac{1}{z}$$
となる.

整数 n を定めて,$\varphi_n(z) = \operatorname{Log} z + 2n\pi i$ で得られる 1 価関数 ($\log z$ の分枝という) も D で正則で $\varphi_n'(z) = 1/z$ となる.負の実軸上の正則性については $0 < \operatorname{Im} w < 2\pi$ と制限して同様に考える.したがって対数関数 $\log z$ は $z \neq 0$ で正則で $(\log z)' = 1/z$ と考えられる.

●**累乗関数**● c を複素数とするとき,累乗関数 z^c を
$$z^c = e^{c \log z} = e^{c \operatorname{Log} z} \cdot e^{2cn\pi i} \quad (z \neq 0)$$
と定義する.一般に z^c は無限多価関数になるが,c が整数のときは 1 価関数となり,また c が有理数のとき,有限多価関数となる.z^c の中で,$\log z$ が主値をとるもの,すなわち $e^{c \operatorname{Log} z}$ を z^c の**主値**という.

定理 10 主値に定めた z^c は $z \neq 0$ で 1 価な正則関数で $(z^c)' = cz^{c-1}$ となる.

<u>追記</u> $\cos w = z$ のとき $w = \cos^{-1} z$,$\sin w = z$ のとき $w = \sin^{-1} z$ と表し,逆三角関数を定義する.他の場合も同様とする.このとき $\sqrt{\ }$ を 2 価関数として
$$\cos^{-1} z = -i\log(z + i\sqrt{1-z^2}), \quad \sin^{-1} z = -i\log(iz + \sqrt{1-z^2})$$
が成り立つ.

---- 例題 6 ---- 対数関数等の値 ----
つぎの値を主値で示せ.
(1) $\sqrt[3]{1+i}$ (2) $\log(\sqrt{3}+i)$ (3) $(-1)^i$

対数関数, 累乗関数の主値の定義を確かめよ.

[解答] (1) $1+i = \sqrt{2}e^{i\pi/4}$ と表せるから
$$\sqrt[3]{1+i} = \sqrt[6]{2}\,e^{i\left(\frac{1}{4}+2k\right)\frac{\pi}{3}} \quad (k=0,1,2)$$
ここで $k=0$ とおいたもの $\sqrt[6]{2}\,e^{i\pi/12}$ が主値となる.

(2) $\sqrt{3}+i = 2e^{\frac{i\pi}{6}}$ より
$$\log(\sqrt{3}+i) = \log_e 2 + i\left(\frac{1}{6}+2n\right)\pi \quad (n は整数)$$
となる. ここで $n=0$ とおいたもの $\log_e 2 + \dfrac{i\pi}{6}$ が主値となる.

(3) $\log(-1) = i(1+2n)\pi$, (n は整数) となるから
$$(-1)^i = e^{i\log(-1)} = e^{-(2n+1)\pi}$$
となる. ここで $n=0$ とした $e^{-\pi}$ が主値となる.

～～ **問 題** ～～～～～～～～～～～～～～～～～～～～～～～～～～

6.1 つぎの値を求めよ.
 (1) $\log i$ (2) $\log(i)^i$ (3) 2^i (4) $\mathrm{Re}\{(1-i)^{1+i}\}$

6.2 a を 0 でない定数とし, $\log a$ の 1 つの値を固定する. このとき $f(z) = a^z$ は平面全体で正則で $f'(z) = a^z \log a$ となることを証明せよ.

6.3 $\log(z^2) = 2\log z$ が成り立たない理由を説明せよ.

例題 7 ─────────── 無理関数による写像

$w = \sqrt{\dfrac{z-1}{z+1}}$ によって単位円の外部 $|z| > 1$ は，w 平面のどのような領域に写像されるか示せ．ただし $\sqrt{}$ は主値をとるものとする．

$\zeta = re^{i\theta} \; (-\pi < \theta \leqq \pi)$ とおくとき，$\sqrt{\zeta}$ は主値をとるから $\sqrt{\zeta} = \sqrt{r}\, e^{i\theta/2}$．また $|z| > 1$ は 1 次関数 $\zeta = \dfrac{z-1}{z+1}$ によって右半平面に写像される．

解答 $\zeta = \dfrac{z-1}{z+1}$ を変形して $z = -\dfrac{\zeta+1}{\zeta-1}$ となる．$|z| > 1$ のとき，$|\zeta+1| > |\zeta-1|$ となることにより

$$(\zeta+1)(\bar{\zeta}+1) > (\zeta-1)(\bar{\zeta}-1)$$

となり $\zeta + \bar{\zeta} = 2\operatorname{Re}\zeta > 0$ となる．また $|z| = 1$ では $\operatorname{Re}\zeta = 0$ となる．これより 1 次関数の性質から $|z| > 1$ は右半平面 $\operatorname{Re}\zeta > 0$ へうつされる．

$$\zeta = re^{i\theta} \quad \left(-\dfrac{\pi}{2} < \theta < \dfrac{\pi}{2}\right)$$

となるから

$$w = \sqrt{\zeta} = \sqrt{r}\, e^{i\frac{\theta}{2}} \quad \left(0 < r,\; -\dfrac{\pi}{4} < \theta < \dfrac{\pi}{4}\right)$$

となる．

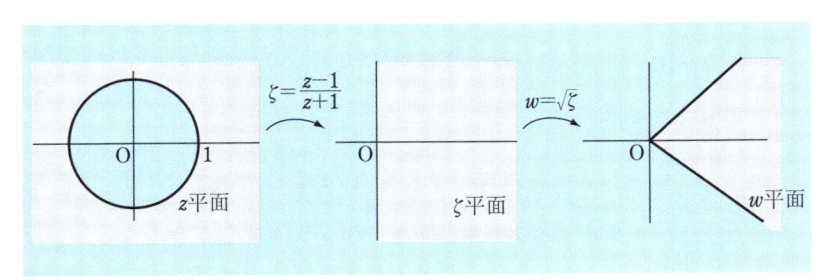

問題

7.1 $w = \operatorname{Log} \dfrac{z-1}{z+1}$ によって上半平面 $\operatorname{Im} z > 0$ は w 平面のどのような領域に写像されるか．

7.2 つぎの領域を上半平面上に写像する関数 $w = f(z)$ を求めよ．
  (1) $\{z;\, 0 < \operatorname{Im} z < \alpha\}$ (2) $\{z;\, |z| < 1,\; \operatorname{Im} z > 0\}$

演習問題

演習 1 整級数 $f(z) = \sum_{n=0}^{\infty} a_n z^n$ で関数方程式 $f(z^2) = f(z) - z$ をみたすものを求めよ．

演習 2 つぎの式を証明せよ．
(1) $e^{ia} + e^{ib} = 2\cos\dfrac{a-b}{2} e^{i(a+b)/2}$ (2) $\sinh(z + \pi i) = -\sinh z$

演習 3 つぎを証明せよ．
(1) $\dfrac{|e^{-y} - e^y|}{e^{-y} + e^y} \leqq |\tan z| \leqq \dfrac{e^{-y} + e^y}{|e^{-y} - e^y|}$ $(z = x + iy)$
(2) $|\tan(a + iy)| \to 1$ $(y \to \infty)$ ただし a は定数とする．

演習 4 $\tan z = \pm i$ となる z は存在しないことを証明せよ．

演習 5 $w = z + e^z$ によって，z 平面の直線 $y = \dfrac{\pi}{2}$ は w 平面のいかなる曲線に写像されるか図示せよ．

演習 6 つぎの式を証明せよ．
(1) $\sin(x+iy) = \sin x \cosh y + i\cos x \sinh y$
(2) $w = \sin z$ は z が右図のような長方形の 2 辺を動くとき，どんな曲線を描くか図示せよ．

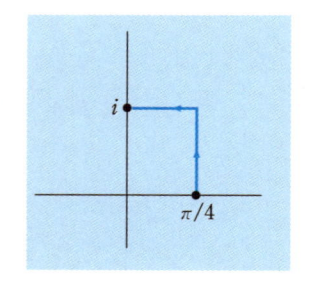

演習 7 $\tan w = z$ のとき
$$w = \dfrac{1}{2i} \log\left(\dfrac{1+iz}{1-iz}\right)$$
となることを証明せよ．

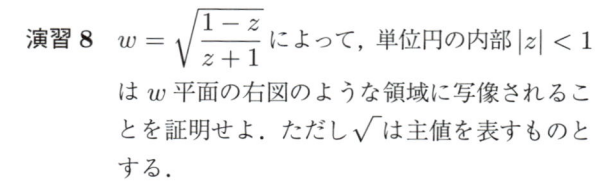

演習 8 $w = \sqrt{\dfrac{1-z}{z+1}}$ によって，単位円の内部 $|z| < 1$ は w 平面の右図のような領域に写像されることを証明せよ．ただし $\sqrt{}$ は主値を表すものとする．

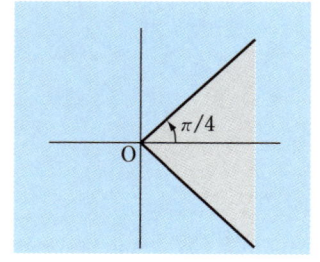

4 複素積分とコーシーの積分定理

4.1 複素積分

● **滑らかな曲線** ● 複素平面との曲線 C の方程式を
$$C : z = z(t) = x(t) + iy(t) \quad (\alpha \leq t \leq \beta)$$
とする．曲線は始点 $a = z(\alpha)$ から終点 $b = z(\beta)$ へ向きをつけてあるものとする．$z(t)$ が有限個の t を除いて，連続な導関数
$$z'(t) = x'(t) + iy'(t) \neq 0$$
を持つとき，曲線 C は**区分的に滑らかな曲線**という．今後単に曲線というときは，すべて区分的に滑らかな曲線を表すものとする．また単一閉曲線 C については C の内部を左側にみながら進む向きを C の**正の向き**とする．今後単に閉曲線といえば，常に正の向きを持った単一閉曲線であるとする．

● **複素関数の積分** ● 実数 $t \, (\alpha \leq t \leq \beta)$ の連続関数 $f = u(t) + iv(t)$ に対し，その積分を
$$\int_\alpha^\beta f(t)\,dt = \int_\alpha^\beta u(t)\,dt + i\int_\alpha^\beta v(t)\,dt$$

正の向きを持った単一閉曲線

と定義する．$F(t)$ を $f(t)$ の原始関数，すなわち $F'(t) = f(t)$ をみたす関数とするとき
$$\int_\alpha^\beta f(t)\,dt = [F(t)]_\alpha^\beta = F(\beta) - F(\alpha)$$
となる (次頁定理 5 参照)．

始点 a, 終点 b をもつ曲線 C の方程式を
$$C : z = z(t) \quad (\alpha \leq t \leq \beta), \; z(\alpha) = a, \; z(\beta) = b$$
とする．C 上で連続な関数 $f(z)$ に対して，曲線 C にそった **(複素) 積分**を
$$\int_C f(z)\,dz = \int_\alpha^\beta f(z(t))z'(t)\,dt$$
と定義する．

定理 1 $\displaystyle\int_C (f(z)+g(z))\,dz = \int_C f(z)\,dz + \int_C g(z)\,dz$

$\displaystyle\int_C (cf(z))\,dz = c\int_C f(z)\,dz \quad (c\text{ は定数})$

$C: z=z(t)\ (\alpha \leqq t \leqq \beta)$，という曲線に対し，逆向きの曲線
$$z=z(\alpha+\beta-t)\quad (\alpha \leqq t \leqq \beta)$$
を $-C$ と表す．

定理 2 $\displaystyle\int_{-C} f(z)\,dz = -\int_C f(z)\,dz$

2 つの曲線 $C_1: z=z_1(t)\ (\alpha \leqq t \leqq \beta)$, $C_2: z=z_2(t)\ (\beta \leqq t \leqq \gamma)$ が $z_1(\beta)=z_2(\beta)$ ならば
$$z(t)=\begin{cases} z_1(t) & (\alpha \leqq t \leqq \beta) \\ z_2(t) & (\beta \leqq t \leqq \gamma) \end{cases}$$
とおくと，C_1 と C_2 をつないだ曲線 $C: z=z(t)\ (\alpha \leqq t \leqq \gamma)$ が得られる．この曲線 C を C_1 と C_2 の和といい，C_1+C_2 で表す．

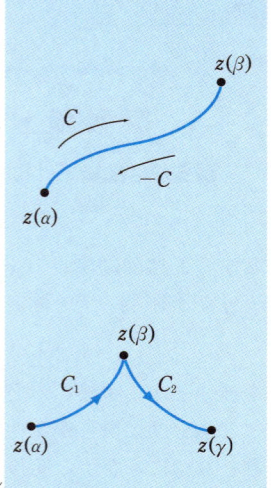

定理 3 $\displaystyle\int_{C_1+C_2} f(z)\,dz = \int_{C_1} f(z)\,dz + \int_{C_2} f(z)\,dz$

定理 4 曲線 C 上での $|f(z)|$ の最大値を M，また C の長さを L とする．このとき
$$\left|\int_C f(z)\,dz\right| \leqq \int_\alpha^\beta |f(z(t))||z'(t)|\,dt \leqq M\cdot L$$
となる．

このとき $\displaystyle\int_\alpha^\beta |f(z(t))||z'(t)|\,dt$ を $\displaystyle\int_C |f(t)|\cdot |dz|$ と表すこともある．

領域 D で定義された連続関数 $f(z)$ に対して，D で正則な関数 $F(z)$ があり，$F'(z)=f(z)$ となるとき，$F(z)$ を D における $f(z)$ の**原始関数**という．

定理 5 領域 D で $f(z)$ が原始関数 $F(z)$ を持つとする．このとき，D に含まれる始点 a が，終点が b の曲線 C に対して，
$$\int_C f(z)\,dz = F(b)-F(a)$$
となる．したがって D 内の任意の閉曲線 $\varGamma$ に対しては
$$\int_\varGamma f(z)\,dz = 0$$
となる．

4.1 複素積分

例題 1 ──────────────────── 複素積分の定義の確かめ ──

閉正方形 $-a \leqq x \leqq a$, $-a \leqq y \leqq a$ の境界を C とする．このとき

$$\int_C \frac{dz}{z}$$

を計算せよ．

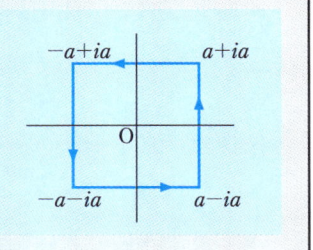

各辺 4 つの直線上の積分に分けて計算する．

[解答]
$$\int_C \frac{dz}{z} = \int_{a-ia}^{a+ia} \frac{dz}{z} + \int_{a+ia}^{-a+ia} \frac{dz}{z} + \int_{-a+ia}^{-a-ia} \frac{dz}{z} + \int_{-a-ia}^{a-ia} \frac{dz}{z}$$

それぞれの積分区域での z の値を考えて

$$= \int_{-1}^{1} \frac{ia\,dt}{a+iat} + \int_{1}^{-1} \frac{a\,dt}{at+ia} + \int_{1}^{-1} \frac{ia\,dt}{-a+iat} + \int_{-1}^{1} \frac{a\,dt}{at-ia}$$

$$= \int_{-1}^{1} \left(\frac{i}{1+it} - \frac{1}{t+i} - \frac{i}{-1+it} + \frac{1}{t-i} \right) dt$$

$$= 4i \int_{-1}^{1} \frac{dt}{1+t^2} = 4i[\tan^{-1} t]_{-1}^{1} = 2\pi i$$

問題

1.1 原点を中心とする半径 r の円を正の向きに一周するとき積分

$$\int_{|z|=r} x\,dz \quad (x = \mathrm{Re}\,z)$$

を計算せよ．

1.2 O から $1+i$ に至る図のような 2 つの曲線 C_1, C_2 を考える．ただし C_1 は放物線 $x = y^2$ の部分とする．このとき C_1, C_2 にそってつぎの関数を積分せよ．
(1) $f(z) = \bar{z}$
(2) $f(z) = z$

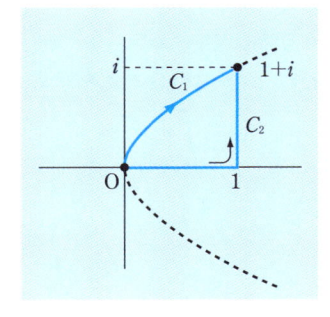

―― 例題 2 ――――――――――――――――――――――― 複素積分の基本性質 ――

(1) C を中心 a の任意の円とする．n を整数とするとき，つぎを証明せよ．
$$\int_C (z-a)^n dz = \begin{cases} 2\pi i & (n=-1) \\ 0 & (n \neq -1) \end{cases}$$

(2) p を自然数，Γ を単位円とするとき，(1)を用いて
$$\frac{1}{2\pi i} \int_\Gamma \left(z + \frac{1}{z} \right)^{2p} \frac{dz}{z}$$
の値を計算せよ．

(1) C の半径を r とすると，C の方程式は θ をパラメータとして $z = a + re^{i\theta}$ ($0 \leq \theta \leq 2\pi$) となる．(2) $\left(z + \frac{1}{z} \right)^{2p}$ を 2 項定理で展開する．

解答 (1) $z = a + re^{i\theta}$ より $dz = ire^{i\theta} d\theta$ となる．
$$\int_C (z-a)^n dz = \int_0^{2\pi} (re^{i\theta})^n ire^{i\theta} d\theta = ir^{n+1} \int_0^{2\pi} e^{i(n+1)\theta} d\theta$$
と変形すると，最後の積分は $n = -1$ のとき 2π，$n \neq -1$ のとき 0 となる．

(2)
$$\left(z + \frac{1}{z} \right)^{2p} \frac{1}{z} = \left(z^{2p} + 2p z^{2p-1} \cdot \frac{1}{z} + \cdots + \frac{(2p)!}{p!p!} z^p \cdot \frac{1}{z^p} + \cdots + \frac{1}{z^{2p}} \right) \frac{1}{z}$$
$$= z^{2p-1} + 2p z^{2p-3} + \cdots + \frac{(2p)!}{(p!)^2} \frac{1}{z} + \cdots + \frac{1}{z^{2p+1}}$$

(1)より $\int_\Gamma z^n dz = 0$ ($n \neq -1$) だから
$$\frac{1}{2\pi i} \int_\Gamma \left(z + \frac{1}{z} \right)^{2p} \frac{1}{z} dz = \frac{(2p)!}{(p!)^2}$$

問題

2.1 つぎの積分の値を求めよ．

(1) $\displaystyle\int_{|z-1|=1} \left(z^2 + \frac{i}{z-1} \right) dz$ (2) $\displaystyle\int_{|z|=1} z^2 (\bar{z})^3 dz$

2.2 上の例題(2)を用いて，つぎを証明せよ．
$$\int_0^{2\pi} \cos^{2p} \theta \, d\theta = \frac{1 \cdot 3 \cdot 5 \cdots (2p-1)}{2 \cdot 4 \cdot 6 \cdots (2p)} 2\pi$$

―― 例題 3 ――――――――――――――――――――― 例題 6 の準備 ――

$f(z)$ は上半平面で定義された連続関数で,$z \to \infty$ のとき一様に 0 に収束するとする.すなわち任意の $\varepsilon > 0$ に対して,ある R_0 が定まり

$$|f(z)| < \varepsilon \quad (|z| > R_0)$$

このとき原点中心,半径 r の上半円を C_r とすると,

$$I_r = \int_{C_r} e^{iaz} f(z)\, dz \to 0 \quad (r \to \infty)$$

となる.ただし $a > 0$ を定数とする.

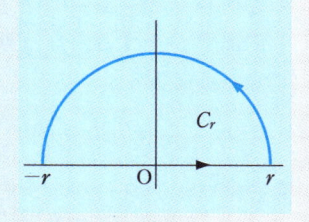

C_r 上の点 z に対し,$z = re^{i\theta} = r(\cos\theta + i\sin\theta)$ より,$|e^{iaz}| = e^{-ar\sin\theta}$ となる.この式にジョルダンの不等式 $\sin\theta \geq \dfrac{2}{\pi}\theta \; \left(0 \leq \theta \leq \dfrac{\pi}{2}\right)$ (p.27 の演習 7) を適用する.

解答 $|z| = r > R_0$ とする.ここでは $|f(z)| < \varepsilon$ より

$$|I_r| = \left|\int_0^\pi e^{iare^{i\theta}} f(re^{i\theta}) ire^{i\theta} d\theta\right| \leq \int_0^\pi |e^{iare^{i\theta}} f(re^{i\theta}) ire^{i\theta}|\, d\theta$$

$$< \int_0^\pi e^{-ar\sin\theta} \cdot \varepsilon \cdot r\, d\theta = 2\varepsilon r \int_0^{\pi/2} e^{-ar\sin\theta}\, d\theta$$

$$\leq 2\varepsilon r \int_0^{\pi/2} e^{-2ar\theta/\pi}\, d\theta = 2\varepsilon r \dfrac{\pi}{2ar}(1 - e^{-ar}) < \dfrac{\pi}{a}\varepsilon$$

$\varepsilon > 0$ は任意により,$I_r \to 0 \; (r \to \infty)$ となる.

問　題

3.1 積分値を計算せずに,つぎの不等式を証明せよ (定理 4 を利用する).

(1) $\left|\displaystyle\int_C \dfrac{e^{iz}}{z^2 + 1}\, dz\right| \leq \dfrac{\pi R}{R^2 - 1}$　　(C は半円 $z = Re^{it}(0 \leq t \leq \pi)$, $R > 1$)

(2) $\left|\displaystyle\int_C e^{-z^2}\, dz\right| \leq 2e$　　(C は $-1 + i$ から $1 + i$ までの線分)

3.2 $a > 0, b > 0$ とする.点 a から ib までの図のような折れ線を C とするとき,つぎの不等式を示せ.

$$\left|\int_C \dfrac{e^{iz}}{z}\, dz\right| < \dfrac{1}{a} + \dfrac{a}{b}$$

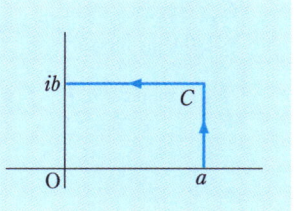

4.2 コーシーの積分定理

●コーシーの積分定理●

定理 6 （コーシーの積分定理） 閉曲線 C の内部を D とする．$f(z)$ が C と D のすべての点で正則ならば

$$\int_C f(z)\,dz = 0$$

この定理より $f(z)$ が単連結領域 D で正則な関数とすると D 内の任意の閉曲線 C について

$$\int_C f(z)\,dz = 0$$

となることがわかる．D の点 a を固定し，a から z に至る曲線にそって $f(z)$ を積分すると，その値は曲線の選び方には無関係に定まる．これを

$$F(z) = \int_a^z F(\zeta)d(\zeta)$$

と書き $f(z)$ の**不定積分**という．

定理 7 $f(z)$ を単連結領域 D で正則とする．このとき不定積分 $F(z)$ は $f(z)$ の原始関数となる．

●コーシーの積分定理の拡張●

定理 8 閉曲線 C_1, C_2 で囲まれた環状領域を D とする（右図参照）．$f(z)$ が C_1, C_2 および D のすべての点で正則ならば

$$\int_{C_1} f(z)\,dz = \int_{C_2} f(z)\,dz$$

定理 9 関数 $f(z)$ が右図のような閉曲線 $C, C_1, C_2, \cdots, C_n$，および，これらで囲まれた領域 D のすべての点で正則ならば

$$\int_C f(z)\,dz = \int_{C_1} f(z)\,dz + \cdots + \int_{C_n} f(z)\,dz$$

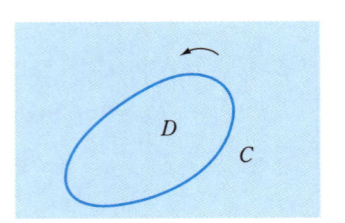

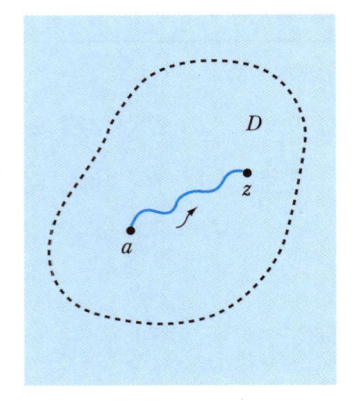

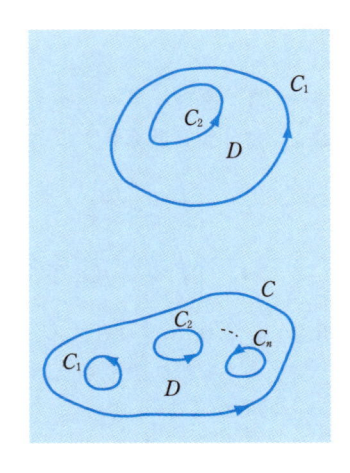

4.2 コーシーの積分定理

---**例題 4**--**コーシーの定理の利用**---

C を半円 $z(t) = -1 + e^{it}$ $(0 \leqq t \leqq \pi)$ とする．つぎの積分の値を求めよ．

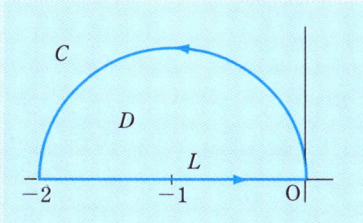

(1) $\displaystyle\int_C \frac{z}{z^2+1}\,dz$

(2) $\displaystyle\int_C \frac{1}{z-i}\,dz$

C と線分 $L : z = t$ $(-2 \leqq t \leqq 0)$ からなる閉曲線 $\varGamma$ を考え，コーシーの積分定理 (定理 7) を利用する．

解答 D を $\varGamma$ で囲まれた領域とする．(1) $\dfrac{z}{z^2+1}$ は D と $\varGamma$ の各点で正則となるから定理 1 より

$$\int_\varGamma \frac{z}{z^2+1}\,dz = \int_C \frac{x}{x^2+1}\,dx + \int_L \frac{z}{z^2+1}\,dz = 0$$

L にそった積分は実関数の積分より

$$\int_L \frac{z}{z^2+1}\,dz = \int_{-2}^0 \frac{x}{x^2+1}\,dx = \left[\frac{1}{2}\mathrm{Log}\,(x^2+1)\right]_{-2}^0 = -\frac{1}{2}\mathrm{Log}\,5$$

これより (1) の値は $(\mathrm{Log}\,5)/2$ となる．

(2) 同様に $(z-i)^{-1}$ が D と $\varGamma$ の各点で正則だから，

$$\int_C \frac{1}{z-i}\,dz = -\int_{-2}^0 \frac{1}{x-i}\,dx = -\int_{-2}^0 \frac{x}{x^2+1}\,dx - i\int_{-2}^0 \frac{1}{x^2+1}\,dx$$

$$= (\mathrm{Log}\,5)/2 + i\tan^{-1}(-2)$$

問題

4.1 つぎの積分の値はいずれも 0 となる．その理由を述べよ．

(1) $\displaystyle\int_{|z-1|=1} \frac{1}{e^z+1}\,dz$ (2) $\displaystyle\int_{|z|=2} \frac{z}{z^2-4z+8}\,dz$

(3) $\displaystyle\int_{|z|=1} \tan z\,dz$

4.2 C を半円 $z(t) = (1+e^{it})/2$ $(0 \leqq t \leqq \pi)$ とするとき，つぎの積分の値を求めよ．

$$\int_C \frac{1}{z^2+1}\,dz$$

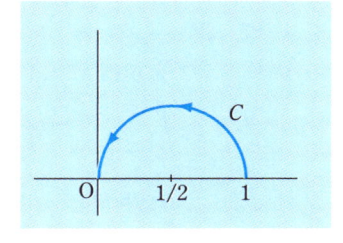

―― 例題 5 ――――――――――――――――――――――― 複素積分の基本性質 ――

(1) 点 a を通らない閉曲線 C に対して，
$$\int_C \frac{1}{z-a}\,dz = \begin{cases} 0 & (a\,\text{が}\,C\,\text{の外部にある}) \\ 2\pi i & (a\,\text{が}\,C\,\text{の内部にある}) \end{cases}$$
となることを示せ．

(2) つぎの積分の値を求めよ．
$$\int_{|z|=1/2} \frac{1}{z(z-1)}\,dz$$

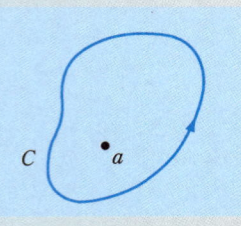

(1) a が C の内部にあるとき，積分路を中心 a の円に変換し定理 8 を用いよ．

(2) $\dfrac{1}{z(z-1)}$ を部分分数に分解する．

解答 (1) a が C の外部にあるとき，$\dfrac{1}{z-a}$ は C の内部および C 上で正則だから定理 6 より積分の値 0 となる．a が C の内部にあるとき，a を中心とする C の内部に含まれる円 $\varGamma$ を定める．$\dfrac{1}{z-a}$ は $z=a$ 以外のすべての点で正則だから，定理 8 により

$$\int_C \frac{1}{z-a}\,dz = \int_{\varGamma} \frac{1}{z-a}\,dz$$

また例題 2 の (1) より右辺の値は $2\pi i$ となるから

$$\int_C \frac{1}{z-a}\,dz = 2\pi i$$

(2) $\dfrac{1}{z(z-1)} = \dfrac{1}{z-1} - \dfrac{1}{z}$ と部分分数に分解されるから，(1) より

$$\int_{|z|=1/2} \frac{1}{z(z-1)}\,dz = \int_{|z|=1/2} \frac{1}{z-1}\,dz - \int_{|z|=1/2} \frac{1}{z}\,dz = -2\pi i$$

~~ 問 題 ~~

5.1 (1) C を楕円 $z = \alpha\cos t + i\beta\sin t$ $(0 \leq t \leq 2\pi, \alpha > 0, \beta > 0)$ とする．このとき $\displaystyle\int_C \frac{1}{z}\,dz$ の値を求めよ．

(2) (1) を利用し，定積分 $\displaystyle\int_0^{2\pi} \frac{dt}{\alpha^2\cos^2 t + \beta^2\sin^2 t}$ を計算せよ．

例題 6 ──────────────── 複素積分の実積分への利用 ─

(1) C_a を $|z| = a$ となる上半円とする. $0 < \varepsilon < r$ ならば

$$\int_{C_\varepsilon} \frac{e^{iz}}{z} dz - \int_{C_r} \frac{e^{iz}}{z} dz = 2i \int_\varepsilon^r \frac{\sin x}{x} dx$$

となることをコーシーの定理より証明せよ.

(2) (1)および例題 3 を用いて, つぎを示せ.

$$\int_0^\infty \frac{\sin x}{x} dx = \lim_{\substack{\varepsilon \to 0 \\ r \to \infty}} \int_\varepsilon^r \frac{\sin x}{x} = \frac{\pi}{2}$$

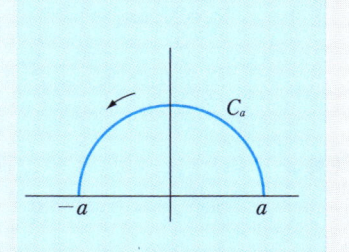

$e^{iz} \to 1 \ (z \to 0)$ より $C_\varepsilon : z(t) = \varepsilon e^{it} \ (0 \leqq t \leqq \pi)$ とすれば

$$\left| \int_{C_\varepsilon} \frac{e^{iz} - 1}{z} dz \right| = \left| \int_0^\pi (e^{iz(t)} - 1) i \, dt \right| \leqq \int_0^\pi |e^{iz(t)} - 1| dt \to 0$$

これより

$$\lim_{\varepsilon \to 0} \int_{C_\varepsilon} \frac{e^{iz}}{z} dz = \pi i$$

[解答] (1) 右図のような閉曲線を Γ とする. $f(z) = \dfrac{e^{iz}}{z}$ は $z \neq 0$ で正則より定理 6 から

$$\int_\Gamma f(z) dz = \int_\varepsilon^r \frac{e^{ix}}{x} dx + \int_{C_r} \frac{e^{iz}}{z} dz$$
$$+ \int_{-r}^{-\varepsilon} \frac{e^{ix}}{x} dx - \int_{C_\varepsilon} \frac{e^{iz}}{z} dz = 0$$

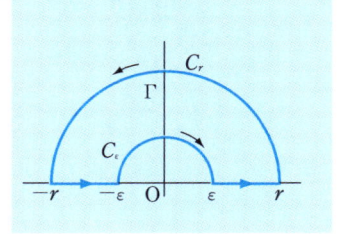

となる. これより $\int_{-r}^{-\varepsilon} \dfrac{e^{ix}}{x} dx = -\int_\varepsilon^r \dfrac{e^{-ix}}{x} dx$ から

$$\int_{C_\varepsilon} \frac{e^{iz}}{z} dz - \int_{C_r} \frac{e^{iz}}{z} dz = \int_\varepsilon^r \frac{e^{ix} - e^{-ix}}{x} dx = 2i \int_\varepsilon^r \frac{\sin x}{x} dx$$

(2) $1/z$ は $z \to \infty$ とき, 一様に 0 に収束するから例題 3 より

$$\lim_{r \to \infty} \int_{C_r} \frac{e^{iz}}{z} dz = 0$$

よって(1)より $\pi i = 2i \int_0^\infty \dfrac{\sin x}{x} dx$ となり(2)の式を得る.

~~~ 問 題 ~~~

6.1 関数 $f(z) = \dfrac{e^{2iz} - 1}{z^2}$ を利用して, $\int_0^\infty \left(\dfrac{\sin x}{x} \right)^2 dx$ の値を求めよ.

演習問題

演習1 C を半円 $z = e^{it}\,(0 \leq t \leq \pi)$ とするとき，つぎの積分を求めよ．

(1) $\displaystyle\int_C |z|\bar{z}\,dz$　　(2) $\displaystyle\int_C \mathrm{Log}\,z\,dz$　　(3) $\displaystyle\int_C \sqrt{z}\,dz$ ($\sqrt{z}$ は主値をとる)

演習2 $f(z), g(z)$ は領域 D で正則で，その導関数は D で連続とする．D 内の曲線 C の始点 a，終点を b とするとき，つぎの公式が成り立つことを証明せよ．

$$\int_C f(z)g'(z)\,dz = [f(z)g(z)]_a^b - \int_C f'(z)g(z)\,dz \quad (部分積分の公式)$$

演習3 つぎの積分値を求めよ．

(1) $\displaystyle\int_{|z-1|=1/2} \frac{1}{z^2 - 3z + 2}\,dz$　　(2) $\displaystyle\int_0^{\pi+i} z\cos 2z\,dz$

演習4 $f(z)$ が $z = a$ で連続とする．上半円周が作る右図ような円弧を C_r とする．このとき
$$\lim_{r \to 0} \int_{C_r} \frac{f(z)}{z - a}\,dz = f(a)\pi i$$
となることを証明せよ．

$\left(\displaystyle\int_{C_r} \frac{1}{z-a}\,dz \to \pi i \text{ を利用する}\right)$

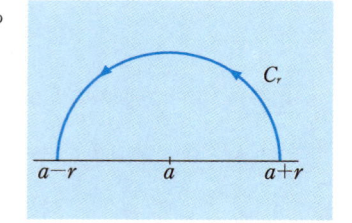

演習5 $f(z)$ が $|z| < r$ で正則で，$|f(z)| \leq M$ とすれば
$$\left|\int_a^b f(z)\,dz\right| < 2Mr \quad (|a| < r, |b| < r)$$
となることを証明せよ．

演習6 $f(z) = e^{-z^2}$ を右図のような長方形の周 C にそって積分し，$r \to \infty$ とすることにより
$$\int_{-\infty}^{\infty} e^{-x^2} \cos 2ax\,dx = \sqrt{\pi}e^{-a^2}$$
となることを証明せよ．ただし $a > 0$ は定数とし，また $\displaystyle\int_{-\infty}^{\infty} e^{-x^2}\,dx = \sqrt{\pi}$ は既知とする．

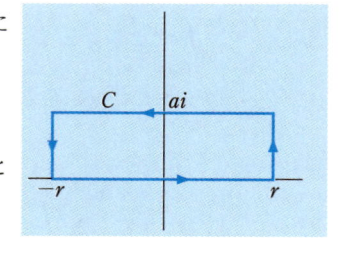

5 正則関数の積分表示

5.1 正則関数の諸定理

● コーシーの積分公式 ●

定理1（コーシーの積分公式） $f(z)$ を領域 D で正則な関数とする．また C を D 内の閉曲線で内部も D に含まれるとする．このとき C の内部の点 a に対して

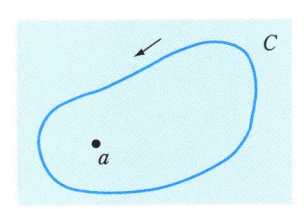

$$f(a) = \frac{1}{2\pi i} \int_C \frac{f(z)}{z-a} \, dz$$

定理2（平均値定理） $f(z)$ が閉円板 $|z-a| \leq r$ を含む領域で正則ならば

$$f(a) = \frac{1}{2\pi} \int_0^{2\pi} f(a + re^{i\theta}) \, d\theta$$

定理3 $f(z)$ が領域 D で正則ならば，$f(z)$ は何回でも微分可能であり，D 内の任意の点における n 階微分係数 $f^{(n)}(a) \ (n = 1, 2, \dots)$ は

$$f^{(n)}(a) = \frac{n!}{2\pi i} \int_C \frac{f(z)}{(z-a)^{n+1}} \, dz$$

となる．ただし C は a を囲む閉曲線で，その内部は D に含まれるとする．

定理4（コーシーの不等式） $f(z)$ が $|z-a| \leq r$ を含む領域で正則で，$|z-a| = r$ 上での $|f(z)|$ の最大値を M とするとき

$$|f^{(n)}(a)| \leq \frac{Mn!}{r^n} \quad (n = 0, 1, 2, \cdots)$$

● リウヴィルの定理 ● 　平面全体で正則な関数を**整関数**という．たとえば多項式，e^z，$\sin z$ などは整関数である．

定理5（リウヴィルの定理） 　有界な整関数は定数となる．

定理6（代数学の基本定理） 　複素係数の $n(\geq 1)$ 次の代数方程式

$$a_n z^n + a_{n-1} z^{n-1} + \cdots + a_1 z + a_0 = 0 \quad (a_n \neq 0)$$

は複素数の範囲で必ず根をもつ．

この定理より n 次の代数方程式は (重複度を含めて) n 個の根をもつことがわかる.

● **最大値の原理** ●

定理 7 （最大値の原理） $f(z)$ を領域 D で正則な関数とする. D 内の点 a で $|f(z)|$ が最大値をとれば, $f(z)$ は D で定数となる.

定理 8 $f(z)$ が有界な領域 D で正則, D の閉包 $\bar{D}$ で連続なら $|f(z)|$ は D の境界上の点で最大値をとる.

追記 上記諸定理に関係した, 2 つの定理を述べる.

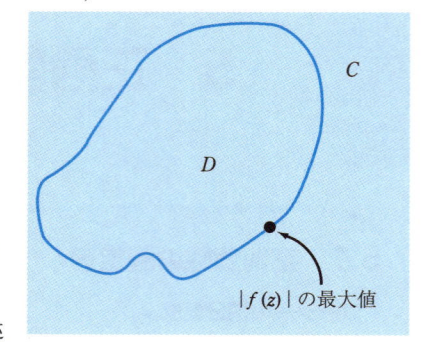

定理 9 （ポアソンの積分公式） $f(z)$ が閉円板 $|z| \leq R$ を含む領域で正則とする. このとき $z = re^{i\varphi} (0 \leq r \leq R, 0 \leq \varphi < 2\pi)$ に対して

$$f(re^{i\varphi}) = \frac{1}{2\pi} \int_0^{2\pi} f(Re^{i\theta}) \frac{R^2 - r^2}{R^2 - 2Rr\cos(\theta - \varphi) + r^2} \, d\theta$$

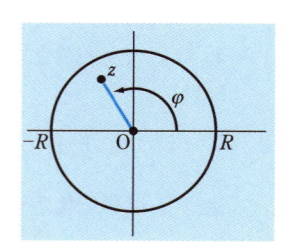

この定理の式の実部をくらべ, $u(z) = \operatorname{Re} f(z)$ と書くと調和関数についての積分表示を得る.

$$u(re^{i\varphi}) = \frac{1}{2\pi} \int_0^{2\pi} u(Re^{i\theta}) \frac{R^2 - r^2}{R^2 - 2Rr\cos(\theta - \varphi) + r^2} d\theta$$

定理 10 （シュヴァルツの定理） $f(z)$ が $|z| < r$ で正則で $f(0) = 0$ とする. ある定数 $M > 0$ に対し

$$|f(z)| \leq M \quad (|z| < r)$$

とするならば

$$|f(z)| \leq \frac{M}{r}|z| \quad (|z| < r)$$

となる. この式で等号をみたす $z(\neq 0)$ が少なくとも 1 つ存在すれば, ある $\varphi (0 \leq \varphi < 2\pi)$ に対して

$$f(z) = e^{i\varphi}\frac{M}{r}z$$

と書ける.

5.1 正則関数の諸定理

---**例題 1**--------------------------**コーシーの積分公式の利用**---

つぎの関数の指定した閉曲線にそった積分値を求めよ.

(1) $\dfrac{z^4+1}{z^2-2iz}$ $(C:|z|=1)$ (2) $\dfrac{\sin(\pi z/2)}{(z-1)^3}$ $(C:|z-1/2|=1)$

コーシーの積分公式 (定理 1, 3) を利用する.

解答 (1) $f(z)=\dfrac{z^4+1}{z-2i}$ とおくと, $\dfrac{f(z)}{z}=\dfrac{z^4+1}{z^2-2iz}$ となる. $f(z)$ は $z=2i$ 以外で正則だから, C の内部で正則となる. ゆえに定理 1 より

$$f(0)=\frac{1}{2\pi i}\int_C \frac{f(z)}{z}\,dz=\frac{1}{2\pi i}\int_C \frac{z^4+1}{z^2-2iz}\,dz$$

および $f(0)=\dfrac{-1}{2i}$ より

$$\int_C \frac{z^4+1}{z^2-2iz}\,dz=2\pi i f(0)=-\pi$$

(2) $f(z)=\sin\dfrac{\pi}{2}z$ は全平面で正則で, 1 は円 $|z-1/2|=1$ の内部にあるから, 定理 3 より,

$$f^{(2)}(1)=\frac{2!}{2\pi i}\int_C \frac{f(z)}{(z-1)^3}\,dz=\frac{1}{\pi i}\int_C \frac{\sin(\pi z/2)}{(z-1)^3}\,dz$$

また $f^{(2)}(z)=-\left(\dfrac{\pi}{2}\right)^2\sin\left(\dfrac{\pi}{2}z\right)$ より $f^{(2)}(1)=-\left(\dfrac{\pi}{2}\right)^2$ となり

$$\int_C \frac{\sin(\pi z/2)}{(z-1)^3}\,dz=-\frac{\pi^3}{4}i$$

問題

1.1 つぎの積分値を求めよ.

(1) $\displaystyle\int_{|z|=2}\frac{e^z}{(z-1)^4}\,dz$ (2) $\displaystyle\int_{|z|=2}\frac{e^{-z}}{z-(\pi i/2)}\,dz$

(3) $\displaystyle\int_{|z-i|=\sqrt{2}}\frac{z^3+3z+1}{z^3-5z}\,dz$

1.2 閉円板 $|z|\leq r$ の各点で正則な関数 $f(z), g(z)$ が円 $|z|=r$ 上で等しい値をとるならば

$$f(z)=g(z) \quad (|z|\leq 1)$$

となることを証明せよ (コーシーの積分公式を用いる).

例題 2 ──────────────────────── 複素積分の実積分への利用 ──

$f(z)$ が $|z| \leq 1$ をみたす各点で正則のとき
$$\int_0^{2\pi} f(e^{i\theta}) \sin^2 \frac{\theta}{2}\, d\theta = \pi f(0) - \frac{\pi}{2} f'(0)$$
となることを証明せよ．

$z = e^{i\theta}$ とおくと
$$\sin^2 \frac{\theta}{2} = \frac{1 - \cos\theta}{2} = \frac{1}{2} - \frac{1}{4}\left(z + \frac{1}{z}\right), \quad d\theta = \frac{dz}{iz}$$

解答
$$\int_0^{2\pi} f(e^{i\theta}) \sin^2 \frac{\theta}{2}\, d\theta = \int_{|z|=1} f(z)\left(\frac{1}{2} - \frac{z}{4} - \frac{1}{4z}\right) \frac{dz}{iz}$$
$$= \frac{1}{2i}\int_{|z|=1} \frac{f(z)}{z}\, dz - \frac{1}{4i}\int_{|z|=1} f(z)\, dz - \frac{1}{4i}\int_C \frac{f(z)}{z^2}\, dz$$

一方，コーシーの積分公式 (定理 1, 3) より
$$\int_{|z|=1} \frac{f(z)}{z}\, dz = 2\pi i f(0), \quad \int_{|z|=1} \frac{f(z)}{z^2}\, dz = 2\pi i f'(0)$$

またコーシーの定理 (4.2 節定理 1) から $\int_{|z|=1} f(z) = 0$ となるから
$$\int_0^{2\pi} f(e^{i\theta}) \sin^2 \frac{\theta}{2}\, d\theta = \pi f(0) - \frac{\pi}{2} f'(0)$$

問題

2.1 $z = re^{i\varphi}$ $(0 \leq r < 1)$ とする．このときつぎの式を示せ．
$$\mathrm{Re}\left[\frac{e^{i\theta} + z}{e^{i\theta} - z}\right] = \frac{1 - r^2}{1 - 2r\cos(\theta - \varphi) + r^2}$$

2.2 ポアソンの積分公式 (定理 9) を用いて，つぎを証明せよ．
$$\frac{1}{2\pi}\int_0^{2\pi} \frac{1}{1 - 2r\cos\theta + r^2}\, d\theta = \frac{1}{1 - r^2} \quad (0 \leq r < 1)$$

2.3 $f(z)$ が $|z| \leq 1$ をみたす任意の点で正則とする．$f(0) = \frac{1}{2\pi i}\int_{|\zeta|=1} \frac{f(\zeta)}{\zeta}\, d\zeta$ を代入してつぎの式を証明せよ．
$$f(z) = \frac{1}{2} f(0) + \frac{1}{4\pi}\int_0^{2\pi} f(e^{i\theta}) \frac{e^{i\theta} + z}{e^{i\theta} - z}\, d\theta \quad (|z| < 1)$$

例題 3 ——————————————— 代数学の基本定理の証明 ———

代数学の基本定理 (定理 6) を証明せよ．すなわち複素係数 $a_k\ (k=0,\cdots,n)$ を持つ代数方程式
$$a_n z^n + a_{n-1} z^{n-1} + \cdots + a_0 = 0 \quad (a_n \neq 0)$$
は少なくとも 1 つの複素数の根をもつことを示せ．

$f(z) = a_n z^n + a_{n-1} z^{n-1} + \cdots + a_0$ とおき，すべての z に対して $f(z) \neq 0$ と仮定して矛盾を導く．

[解答] この方程式が根をもたないとすれば $g(z) = 1/f(z)$ は整関数となる．
$$|f(z)| = |z|^n \left| a_n + \frac{c_1}{z} + \cdots + \frac{c_n}{z^n} \right| \to \infty \quad (|z| \to \infty)$$
したがって $|z| \to \infty$ のとき $g(z) \to 0$ となるから十分大きい $R > 0$ に対して
$$|g(z)| \leq 1 \quad (|z| \geq R)$$
が成り立つ．一方 $g(z)$ は連続関数より $|z| \leq R$ 上で有界となる．つまり $g(z)$ は全平面で有界となる．これよりリウヴィルの定理より $g(z) = 1/f(z)$ は定数となり矛盾する．

問 題

3.1 整関数 $f(z)$ がある正の数 α, β に対して
$$f(z + \alpha) = f(z), \quad f(z + i\beta) = f(z)$$
をみたすなら $f(z)$ は定数となることを示せ．

3.2 つぎの関数の絶対値の $|z| \leq 1$ における最大値を求めよ．

(1) $\dfrac{3z-1}{z-3}$ (2) e^z (3) $\cos z$

3.3 $f(z)$ が $|z| < 1$ で正則で $|f(z)| \geq |f(0)| > 0$ のとき，$f(z)$ は定数となることを最大値の原理を使って証明せよ．

3.4 $f(z)$ が閉曲線 C とその内部全体で正則で，$f(z) \neq 0$ とする．このとき $|f(z)|$ は C 上で最小値をとることを示せ．

―― 例題 4 ――――――――――――――――― シュヴァルツの定理の応用 ――

$f(z)$ が $|z| < 1$ で正則で $|f(z)| < 1$ とする．このとき $|a| < 1$ となる定数 a に対して

$$\left|\frac{f(z) - f(a)}{1 - \overline{f(a)}f(z)}\right| \leq \left|\frac{z - a}{1 - \bar{a}z}\right|, \quad (|z| < 1)$$

となることを証明せよ．

単位円を単位円に写像する 1 次関数を利用し，シュヴァルツの定理 (定理 10) へ帰着させる．

(1) $\zeta = 0$ を $z = a$ に，$|\zeta| < 1$ を $|z| < 1$ に写像する 1 次関数を $z = g(\zeta)$ とする．

(2) $w = f(a)$ を $\lambda = 0$ に，$|w| < 1$ を $|\lambda| < 1$ に写像する 1 次関数を $\lambda = h(w)$ とする．

(3) $w = f(z)$ にこれらの 1 次関数を合成して

$$\lambda = F(\zeta) = (h \circ f \circ g)(\zeta) = h(f(g(\zeta))) \quad (|\zeta| < 1)$$

とおきシュヴァルツの定理を適用する．

解答 1 次関数 $z = g(\zeta) = \dfrac{\zeta + a}{1 + \bar{a}\zeta}$, $\lambda = h(w) = \dfrac{w - f(a)}{1 - \overline{f(a)}w}$ は各々 (1), (2) をみたす (2.3 節参照)．(3) における $F(\zeta)$ は

$$F(0) = 0, \quad |F(\zeta)| < 1 \quad (|\zeta| < 1)$$

となるから，シュヴァルツの定理より $|F(\zeta)| \leq |\zeta|$ となる．

$$F(\zeta) = h(f(z)) = \frac{f(z) - f(a)}{1 - \overline{f(a)}f(z)}, \quad \zeta = \frac{z - a}{1 - \bar{a}z}$$

となるから

$$\left|\frac{f(z) - f(a)}{1 - \overline{f(a)}f(z)}\right| = |F(\zeta)| \leq |\zeta| = \left|\frac{z - a}{1 - \bar{a}z}\right|$$

―――――――――――――――― 問 題 ――――――――――――――――

4.1 上の例題を用いてつぎを証明せよ．

$f(z)$ が $|z| < 1$ で正則で $|f(z)| < 1$ ならば $|a| < 1$ となる a に対し

$$|f'(a)| \leq \frac{1 - |f(a)|^2}{1 - |a|^2}$$

となる．

5.2 テーラー展開

● **テーラー展開** ●　正則関数は収束する整級数で表される．

定理 11　$f(z)$ を領域 D で正則とする．D の点 a に対し，a を中心とする D に含まれる最大の開円板を $|z-a|<r$ とする．このとき

$$f(z) = \sum_{n=0}^{\infty} \frac{f^{(n)}(a)}{n!}(z-a)^n \quad (|z-a|<r)$$

という整級数に一意的に展開される．

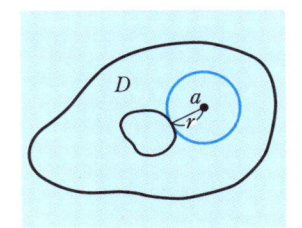

これを $f(z)$ の a における**テーラー展開**という．とくに $a=0$ のとき**マクローリン展開**という．この級数の係数は a を囲む D 内の閉曲線 C で内部が D に含まれるとき

$$a_n = \frac{f^{(n)}(a)}{n!} = \frac{1}{2\pi i}\int_C \frac{f(z)}{(z-a)^{n+1}}\,dz, \quad (n=0,1,\dots)$$

● **初等関数のマクローリン展開** ●

(1)　$\displaystyle \frac{1}{c-z} = \sum_{n=0}^{\infty}\frac{z^n}{c^{n+1}} \quad (|z|<|c|,\ c\neq 0)$

(2)　$\displaystyle e^z = \sum_{n=0}^{\infty}\frac{z^n}{n!} \quad (|z|<\infty)$

(3)　$\displaystyle \cos z = \sum_{n=0}^{\infty}\frac{(-1)^n}{(2n)!}z^{2n} \quad (|z|<\infty)$

(4)　$\displaystyle \sin z = \sum_{n=0}^{\infty}\frac{(-1)^n}{(2n+1)!}z^{2n+1} \quad (|z|<\infty)$

● **正則関数の零点** ●　正則関数 $f(z)$ に対し，$f(a)=0$ となる点 a を $f(z)$ の**零点**という．$f(z)$ が恒等的に 0 ではないとき，零点 a に対して，

$$f(a) = f'(a) = \cdots = f^{(p-1)}(a) = 0, \quad f^{(p)}(a) \neq 0$$

となる p が定まる．p を零点 a の**位数**という．

定理 12　$f(z)$ を領域 D で正則で，恒等的に 0 でないとする．

(1)　D の点 a が $f(z)$ の位数 n の零点となる必要十分条件は点 a で正則な関数 $g(z)$ で，$g(a)\neq 0$ となる関数が存在し，

$$f(z) = (z-a)^n g(z)$$

(2) $f(z)$ の零点は孤立している．すなわち $f(a) = 0$ のとき a の近傍 $U(a)$ で a 以外の $z \in U(a)$ で $f(z) \neq 0$ となるものが存在する．

● 一致の定理 ●

定理 13（一致の定理） $\{a_n\}$ は領域 D 内の相異なる点からなる点列で，D 内の点 a に収束しているとする．D で正則な 2 つの関数 $f(z), g(z)$ に対して

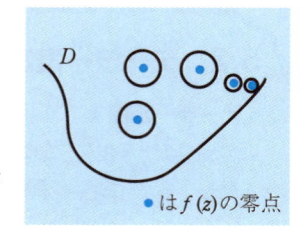

$$f(a_n) = g(a_n) \quad (n = 1, 2, \ldots)$$

とするならば，$f(z)$ と $g(z)$ は D 全体で一致する．

系 領域 D で正則な関数 $f(z), g(z)$ が，D に含まれるある開集合または曲線の各点で $f(z) = g(z)$ が成り立てば，$f(z)$ と $g(z)$ は D 全体で一致する．

● 解析接続 ●
ある領域 D_1 で正則な関数 $f_1(z)$ と，他の領域 D_2 で正則な関数 $f_2(z)$ が与えられ，また $D_1 \cap D_2$ が空集合ではないとする．$D_1 \cap D_2$ 内のある開集合 U または曲線 C 上で $f_1(z) = f_2(z)$ となるとき

$$F(z) = \begin{cases} f_1(z) & (z \in D_1) \\ f_2(z) & (z \in D_2) \end{cases}$$

とすれば $F(z)$ は $D_1 \cup D_2$ 上の 1 つの正則関数となる．この $F(z)$ を $f_1(z)$ の領域 $D_1 \cup D_2$ への**解析接続**という．

例（**整級数による解析接続**） $f(z)$ が中心 a 半径 r の円の内部 D_1 で正則とする．このとき $f(z)$ は

$$f(z) = \sum_{n=0}^{\infty} a_n (z-a)^n, \quad z \in D_1$$

と整級数で表される．$|b-a| < r$ に対して

$$g(z) = \sum_{n=0}^{\infty} \frac{f^{(n)}(b)}{n!} (z-b)^n$$

の収束半径 ρ が

$$\rho > r - |b-a|$$

ならば，$D_2 = \{|z-b| < \rho\}$ とするとき，$f(z)$ は $D_1 \cup D_2$ へ解析接続される．

このようにして，ある領域で定義された正則関数からあらゆる方向に解析接続を行って，最終的に得られる関数を**解析関数**という．またその点を通って解析接続できない点を解析関数の**特異点**という．

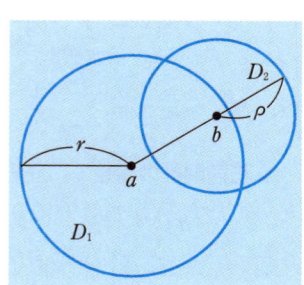

5.2 テーラー展開

―― 例題 5 ――――――――――――――――――――― テーラー展開 ――
(1) $\dfrac{1}{z^2 - 2z + 2}$ を $z = 1$ でテーラー展開せよ．
(2) $\text{Log}\,(1 + z)$ のマクローリン展開を求めよ．

(1) テーラー展開の一意性が保証されているので $z = 1$ を中心とする整級数を直接求める．(2) n 階微分を求める．

解答 (1) $\dfrac{1}{1 + w} = \displaystyle\sum_{n=0}^{\infty}(-1)^n w^n$ ($|w| < 1$) を用いて，$w = (z - 1)^2$ とおくと

$$\frac{1}{z^2 - 2z + 2} = \frac{1}{1 + (z - 1)^2} = \sum_{n=0}^{\infty}(-1)^n (z - 1)^{2n} \quad (|z - 1| < 1)$$

(2) $f(z) = \text{Log}\,(1 + z)$ とおく．$f(z)$ は平面から閉区間 $(\infty, -1]$ を除いた領域 $\boldsymbol{C} - (-\infty, -1]$ (右図参照) で

$$f'(z) = \frac{1}{1 + z}, \quad f''(z) = \frac{-1}{(1 + z)^2}, \quad \ldots,$$

$$f^{(n)}(z) = \frac{(-1)^{n-1}(n - 1)!}{(1 + z)^n}, \quad \ldots$$

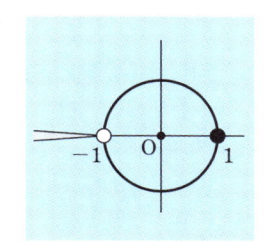

となる．したがって

$$f'(0) = 0, \quad f''(0) = -1, \quad \ldots, \quad f^{(n)}(0) = (-1)^{n-1}(n - 1)!, \cdots$$

を得る．領域 $\boldsymbol{C} - (-\infty, -1]$ に含まれる O を中心とする開円板 $\{|z| < 1\}$ において

$$\text{Log}\,(1 + z) = z - \frac{z^2}{2} + \frac{z^3}{3} - \cdots = \sum_{n=1}^{\infty}(-1)^{n-1}\frac{z^n}{n} \quad (|z| < 1)$$

~~~ 問 題 ~~~

5.1 つぎの関数を指定された点 a でテーラー展開せよ．

(1) $\dfrac{z^2}{1 - 2z}$ $(a = i)$ (2) $\dfrac{1}{z^2 - 2z + 3}$ $(a = 1)$

(3) $\dfrac{1}{z^2}$ $(a = 2)$

5.2 $z\,\text{Log}\,z = (z - 1) + \displaystyle\sum_{n=2}^{\infty}\frac{(-1)^n}{n(n-1)}(z - 1)^n$ $(|z - 1| < 1)$ を証明せよ．

---例題 6--- 零点の位数

(1) a が $f(z)$ の p 位の零点かつ $g(z)$ の q 位の零点ならば，a は $f(z) \cdot g(z)$ の $(p+q)$ 位の零点であることを証明せよ．
(2) 関数 $(1-e^z)\sin z$ の零点と位数を求めよ．

(1) 定理 12 を用いよ．(2) (1)を利用する．

解答 (1) 定理 12 の(1)より，a で正則な関数 $F(z), G(z)$ が存在し
$$F(a) \neq 0, \quad G(a) \neq 0$$
をみたし，
$$f(z) = (z-a)^p F(z), \quad g(z) = (z-a)^q G(z)$$
の形に書ける．これらより
$$f(z)g(z) = (z-a)^{p+q} F(z)G(z), \quad F(a)G(a) \neq 0$$
となり，定理 12 の(1)より a は $f(z)g(z)$ の $(p+q)$ 位の零点となる．

(2) $f(z) = (1-e^z)$, $g(z) = \sin z$ とおく．$f(z)$ の零点は $z = 2n\pi i$ (n は整数) で $f'(z) = -e^z$ はそれらの点で 0 にならないから 1 位の零点となる．また $g(z)$ の零点は $z = n\pi$ (n は整数) となり，$g'(n\pi) = \cos n\pi = (-1)^n \neq 0$ となるから 1 位の零点である．

したがって $(1-e^z)\sin z$ の零点は $z = n\pi, 2n\pi i$ (n は整数)．

$$n = 0 \text{ のとき } 2 \text{ 位の零点}, \quad n \neq 0 \text{ のとき } 1 \text{ 位の零点}$$

となる．

問題

6.1 つぎの関数の零点とその位数を求めよ．
(1) $(z^2+1)(z^2-1)^3$ (2) $(z-2)\mathrm{Log}\,(z^2-1)$

6.2 点 a で正則な関数 $f(z), g(z)$ の $z = a$ でのテーラーの展開を
$$f(z) = \sum_{n=0}^{\infty} a_n (z-a)^n \quad (|z-a| < r_1)$$
$$g(z) = \sum_{n=0}^{\infty} b_n (z-a)^n \quad (|z-a| < r_2)$$
とする．このとき $f(z)g(z)$ の $z = a$ でのテーラー展開は，$r = \min(r_1, r_2)$，$c_n = \sum_{k=0}^{n} a_k b_{n-k}$ ($n = 0, 1, \ldots$) とおくとき，つぎの形となることを示せ．
$$f(z)g(z) = \sum_{n=0}^{\infty} c_n (z-a)^n \quad (|z-a| < r)$$

例題 7 ── リウヴィルの定理の一般化

$f(z)$ を整関数とする．ある定数 $M>0$ および自然数 k に対して，
$$|f(z)| \leq M|z|^k \quad (|z|<\infty)$$
となるなら $f(z)$ はたかだか k 次の多項式となることを証明せよ．

$f(z)$ は全平面で正則だからマクローリン展開 $f(z)=\sum_{n=0}^{\infty} a_n z^n$ は平面全体で成り立つ．ここで $a_n=0\ (n>k)$ となることを示す．

解答 定理 11 の注意より，C を円 $|z|=r$ とするとき，
$$a_n = \frac{1}{2\pi i}\int_C \frac{f(z)}{z^{n+1}}\,dz = \frac{1}{2\pi}\int_0^{2\pi}\frac{f(re^{i\theta})}{r^n e^{in\theta}}\,d\theta$$
となる．仮定より $|f(re^{i\theta})|\leq Mr^k$ だから
$$|a_n| = \left|\frac{1}{2\pi}\int_0^{2\pi}\frac{f(re^{i\theta})}{r^n e^{in\theta}}\,d\theta\right| \leq \frac{1}{2\pi r^n}\int_0^{2\pi}|f(re^{i\theta})|\,d\theta \leq Mr^{k-n}$$
したがって $k<n$ ならば，$r\to\infty$ のとき $r^{k-n}\to 0$ だから $a_n=0$ となり
$$f(z) = a_0 + a_1 z + \cdots + a_k z^k$$

注意 $k=0$ のときがリウヴィルの定理 (5.1 定理 5) である．

問題

7.1 整関数 $f(z)$ でつぎの 2 つの性質をみたすものを求めよ．
(1) $f(1)=2,\ f(0)=f'(0)=0$　(2) $|f'(z)|\leq 5|z|\ (|z|<\infty)$
($f'(z)$ も整関数となることから上の例題を適用する．)

7.2 $|z|<r$ で正則な関数のマクローリン展開を $f(z)=\sum_{n=0}^{\infty}a_n z^n$ とする．このとき $f(z)$ が偶関数，すなわち $f(z)=f(-z)$，ならば $a_{2n+1}=0\ (n\geq 0)$ となることを証明せよ．

例題 8 ― 一致の定理と解析接続の具体例 ―

(1) 一致の定理を用いてつぎの関係式を示せ.
$$\cos^2 z + \sin^2 z = 1$$
(2) つぎの級数は互いに他の解析接続であることを示せ.
$$\sum_{n=0}^{\infty}\left(\frac{z}{2}\right)^n, \quad \sum_{n=0}^{\infty}(-1)^n\frac{(z/2)^n}{(1-z)^{n+1}}$$

(1) $f(z) = \cos^2 z + \sin^2 z$ は整関数となる. (2) 2 つの級数を z の有理関数として表示せよ.

[解答] (1) 左辺 $f(z)$ は全平面で正則となり, z が実数 x のとき, 実変数の三角関数の性質より
$$f(x) = \cos^2 x + \sin^2 x = 1$$
となる. ゆえに一致の定理より平面全体で $f(z) = 1$ となる.

(2) 公式 $\dfrac{1}{1-w} = \sum_{n=0}^{\infty} w^n$ を利用すると

$$f(z) = \sum_{n=0}^{\infty}\left(\frac{z}{2}\right)^n = \frac{1}{1-z/2} = \frac{2}{2-z}, \quad (|z|<2)$$

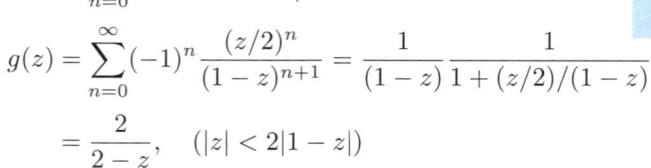

$$g(z) = \sum_{n=0}^{\infty}(-1)^n\frac{(z/2)^n}{(1-z)^{n+1}} = \frac{1}{(1-z)}\frac{1}{1+(z/2)/(1-z)}$$
$$= \frac{2}{2-z}, \quad (|z|<2|1-z|)$$

と表せる. 一方 $|z|<2|1-z|$ は中心 $4/3$ 半径 $2/3$ の円の外部を表す. ゆえに $f(z)$ は $g(z)$ によって
$$D = \{|z|<2\} \cup \{|z|<2|1-z|\} = \{z \neq 2\}$$
へ解析接続される. $g(z)$ についても同様である.

問 題

8.1 $z=0$ の近傍で正則で, $z=1, 1/2, 1/3, \cdots$ において, $1/2, 2/3, 3/4, \cdots$ という値をとる関数は $1/(1+z)$ 以外にないことを示せ.

8.2 $f(z) = \sum_{n=0}^{\infty}(1-z)^n, (|z-1|<1)$ および $g(z) = -i\sum_{n=0}^{\infty}(1+iz)^n, (|z-i|<1)$
とおくとき $g(z)$ は $f(z)$ の $\{|z-i|<1\}$ への解析接続であることを証明せよ.

演習問題

演習 1 $f(z)$ が $|z| \leq 1$ で正則とする．つぎの(1), (2)を示せ．

(1) $n \geq 1$ のとき
$$\int_0^{2\pi} f(e^{i\theta}) e^{in\theta} d\theta = 0$$

(2) $u(z) = \mathrm{Re}\,(f(z))$ とおくとき(1)を用いて，
$$f^{(n)}(0) = \frac{n!}{\pi} \int_0^{2\pi} u(e^{i\theta}) e^{-in\theta} d\theta$$

演習 2 $f(z)$ が整関数で，ある定数 M に対して
$$\mathrm{Re}\,(f(z)) \leq M \quad (z \in \boldsymbol{C})$$
とすれば，$f(z)$ は定数となることを $e^{f(x)}$ の性質を利用して証明せよ．

演習 3 シュヴァルツの定理 (5.1 節定理 10) と 1 次関数 $w = \dfrac{\zeta - 1}{\zeta + 1}$ $(\mathrm{Re}\,\zeta \geq 0)$ の性質を用いて，$f(z)$ が $|z| < 1$ で正則で，$\mathrm{Re}\,(f(z)) \geq 1$ $f(0) = 1$ のとき
$$\left| \frac{f(z) - 1}{f(z) + 1} \right| \leq |z|, \quad (|z| < 1)$$
となることを証明せよ．

演習 4 c を複素数とする．このとき $(1+z)^c$ の主値のマクローリン展開はつぎの式となることを示せ．
$$(1+z)^c = 1 + \sum_{n=1}^{\infty} \frac{c(c-1)\cdots(c-n+1)}{n!} z^n \quad (|z| < 1)$$

演習 5 領域 D で正則な関数 $f(z), g(z)$ に対し，$f(z)g(z)$ が D 上で恒等的に 0 ならば $f(z)$ または $g(z)$ も恒等的に 0 となることを証明せよ．

演習 6 D は閉曲線 C で囲まれた領域とする．$f(z)$ が D で正則で $\bar{D} = D \cup C$ 上で連続で，C 上で $|f(z)| = M$ (正の定数) とする．このとき $f(z)$ が定数でないならば D 内に必ず零点をもつことを証明せよ．

6 有理型関数

6.1 ローラン展開

● **円環領域での積分公式** ● $0 \leqq r_1 < r_2 \leqq \infty$ とする．a を中心とする 2 つの円で囲まれた領域
$$D = \{z; r_1 < |z-a| < r_2\}$$
を円環領域という．

定理 1 $f(z)$ が上の円環領域 D で正則とする．D の点 z_0 に対し
$$r_1 < \rho_1 < |z_0 - a| < \rho_2 < r_2$$
となる ρ_1, ρ_2 を定め C_1, C_2 各々を中心 a，半径 ρ_1, ρ_2 の円とすると
$$f(z_0) = \frac{1}{2\pi i} \int_{C_2} \frac{f(z)}{z-z_0} dz - \frac{1}{2\pi i} \int_{C_1} \frac{f(z)}{z-z_0} dz$$

● **ローラン展開** ● 定理 1 よりつぎの形の級数展開が導かれる．

定理 2 $f(z)$ が上の円環領域 D で正則ならば
$$f(z) = \sum_{n=0}^{\infty} c_n(z-a)^n + \sum_{n=1}^{\infty} \frac{c_{-n}}{(z-a)^n} = \sum_{n=-\infty}^{\infty} c_n(z-a)^n \quad (1)$$
の形に一意的に展開される．ここで係数 c_n は
$$c_n = \frac{1}{2\pi i} \int_C \frac{f(\zeta)}{(\zeta-a)^{n+1}} d\zeta \quad (n = 0, \pm 1, \pm 2, \dots)$$
と表される．ただし C は D に含まれる中心 a の任意の円とする．

(1) を $f(z)$ の D における**ローラン展開**といい，(1) の右辺の級数を**ローラン級数**という．

ローラン展開の例

(1) $\dfrac{1}{z-c} = \dfrac{1}{z} + \dfrac{c}{z^2} + \dfrac{c^2}{z^3} + \cdots \quad (|c| < |z|)$

(2) $\dfrac{1}{\sin z} = \dfrac{1}{z} + \dfrac{z}{6} + \dfrac{7z^3}{360} + \cdots \quad (0 < |z| < \pi)$

6.1 ローラン展開

●**孤立特異点**● 関数 $f(z)$ が点 a で正則でないとき,その点 a を $f(z)$ の**特異点**という.とくに $f(z)$ が $0<|z-a|<r$ で正則で,a では正則でないとき,点 a を $f(z)$ の**孤立特異点**という.このとき $f(z)$ は a を中心とするローラン級数に展開される:

$$f(z) = \sum_{n=0}^{\infty} c_n(z-a)^n + \sum_{n=1}^{\infty} \frac{c_{-n}}{(z-a)^n} \quad (0<|z-a|<r)$$

この式の中の負べき級数

$$P(z,a) = \sum_{n=1}^{\infty} \frac{c_{-n}}{(z-a)^n}$$

を $f(z)$ のローラン展開の**主要部**という.主要部の形によって孤立特異点を分類する.

(1) $P(z,a)$ の係数 c_{-n} $(n=1,2,\cdots)$ がすべて 0 であるとき,a を $f(z)$ の**除去可能な特異点**という.

(2) $P(z,a)$ が有限個の項のとき,すなわち
$$P(z,a) = \frac{c_{-k}}{(z-a)^k} + \frac{c_{-k+1}}{(z-a)^{k-1}} + \cdots + \frac{c_{-1}}{(z-a)} \quad (k \geq 1, c_{-k} \neq 0)$$
となるとき,a を $f(z)$ の**極**という.そして k を極 a の**位数**という.

(3) $P(z,a)$ が無限に多くの項を含むとき,a を $f(z)$ の**真性特異点**という.

定理 3 $f(z)$ を $0<|z-a|<r$ で正則とする.点 a が除去可能な特異点であるための必要十分条件は

$$\lim_{z \to a} f(z) = c_0$$

が存在することである.このとき $f(a) = c_0$ と定義すると $f(z)$ は a でも正則となる.

定理 4 $f(z)$ は $0<|z-a|<r$ で正則とする.点 a が $f(z)$ の位数 k の極であるための必要十分条件は,$0<|z-a|<r$ で正則な関数 $g(z)$ で $g(a) \neq 0$ となるものがあり

$$f(z) = \frac{g(z)}{(z-a)^k} \quad (0<|z-a|<r)$$

定理 5 $h(z)$ を正則関数 $f(z), g(z)$ の商 $f(z)/g(z)$ とする.a を $g(z)$ の位数 m の零点とするとき,つぎが成立する.

(1) $f(a) \neq 0$ ならば a は $h(z)$ の位数 m の極となる.

(2) a が $f(z)$ の位数 l の零点であるとき
   $m \leq l$ ならば a は $h(z)$ の除去可能な特異点である.
   $m > l$ ならば a は $h(z)$ の位数 $m-l$ の極である.

領域 D で定義されている関数が $f(z)$ の極を除いて正則のとき,$f(z)$ は D で**有理型**であるという.D で正則な関数も有理型な関数と考える.このとき D で有理型な関数の和差積商はやはり D で有理型となる.

例題 1 — ローラン展開

$f(z) = \dfrac{2}{(z-1)(z-3)}$ をつぎの円環領域でローラン展開せよ．

(1) $1 < |z| < 3$ (2) $3 < |z| < \infty$ (3) $0 < |z-1| < 1$

$f(z)$ を部分分数に分解しつぎの形で表す．
$$f(z) = \frac{1}{z-3} - \frac{1}{z-1}$$
ローラン展開の一意性から，等比級数の和の公式を利用して得られる級数がローラン展開となる．

解答 (1) $1 < |z| < 3$ より $|z/3| < 1$, $|1/z| < 1$ だから
$$\frac{1}{z-3} = -\frac{1}{3}\frac{1}{1-(z/3)} = -\frac{1}{3}\sum_{n=0}^{\infty}\frac{z^n}{3^n}$$
$$\frac{1}{z-1} = \frac{1}{z}\frac{1}{1-(1/z)} = \frac{1}{z}\sum_{n=0}^{\infty}\frac{1}{z^n}$$
これらより
$$f(z) = -\frac{1}{3}\sum_{n=0}^{\infty}\frac{z^n}{3^n} - \sum_{n=1}^{\infty}\frac{1}{z^n}$$

(2) $|z| > 3$ より $|3/z| < 1$, $|1/z| < 1$ だから
$$f(z) = \frac{1}{z-3} - \frac{1}{z-1} = \frac{1}{z}\frac{1}{1-3/z} - \frac{1}{z}\frac{1}{1-1/z}$$
$$= \sum_{n=0}^{\infty}\frac{3^n}{z^{n+1}} - \sum_{n=0}^{\infty}\frac{1}{z^{n+1}} = \sum_{n=2}^{\infty}\frac{(3^{n-1}-1)}{z^n}$$

(3) $z - 1 = w$ とする．$0 < |w| < 1$ より
$$f(z) = \frac{2}{w(w-2)} = -\frac{1}{w}\left(\frac{1}{1-w/2}\right) = -\frac{1}{w}\sum_{n=0}^{\infty}\left(\frac{w}{2}\right)^n$$
$$= -\left(\frac{1}{w} + \frac{1}{2} + \frac{1}{2^2}w + \cdots\right) = -\frac{1}{z-1} - \sum_{n=0}^{\infty}\frac{1}{2^{n+1}}(z-1)^n$$

問題

1.1 $f(z) = \dfrac{1}{z(z-1)^2}$ をつぎの円環領域でローラン展開せよ．

(1) $0 < |z| < 1$ (2) $|z| > 1$ (3) $0 < |z-1| < 1$

1.2 つぎの関数を指示した点 a を中心としてローラン展開せよ．

(1) $\dfrac{1}{z(z-1)}$ ($a=1$)   (2) $\dfrac{3(z-1)}{z^3-z^2-2z}$ ($a=0$)

6.1 ローラン展開

---**例題 2**---------------------------**孤立特異点の種類**---

つぎの関数を $z=0$ でローラン展開し，特異点 0 の種類を調べよ．
(1) $\dfrac{\sinh z}{z^3}$ (2) $ze^{1/z}$ (3) $\dfrac{\sin z}{z}$

ローラン展開の主要部を求めて，特異点の種類を決める．

[解答] (1) $f(z) = \dfrac{\sinh z}{z^3}$ を $z=0$ でローラン展開すると

$$f(z) = \frac{1}{z^3}\left(z + \frac{z^3}{3!} + \frac{z^5}{5!} + \cdots\right) = \frac{1}{z^2} + \frac{1}{3!} + \frac{z^2}{5!} + \cdots$$

この主要部は $P(z,0) = 1/z^2$ となるから，$z=0$ は位数 2 の極である．

(2) $f(z) = ze^{1/z}$ を $z=0$ でローラン展開すると

$$f(z) = z\left(1 + \frac{1}{z} + \frac{1}{2!z^2} + \frac{1}{3!z^3} + \cdots\right) = z + 1 + \frac{1}{2!z} + \frac{1}{3!z^2} + \cdots$$

この主要部は

$$P(z,0) = \frac{1}{2!z} + \frac{1}{3!z^2} + \cdots$$

となり無限個の項よりなるから，$z=0$ は真性特異点である．

(3) $f(z) = \dfrac{\sin z}{z}$ を $z=0$ でローラン展開すると

$$f(z) = \frac{1}{z}\left(z - \frac{z^3}{3!} + \frac{z^5}{5!} - \cdots\right) = 1 - \frac{z^2}{3!} + \frac{z^4}{5!} - \cdots$$

この主要部は $P(z,0) = 0$ となるから $z=0$ は除去可能な特異点となる．

問題

2.1 つぎの関数を $z=0$ でローラン展開し，特異点 0 の種類を調べよ．
(1) $z\cos\dfrac{1}{z}$ (2) $\dfrac{\text{Log}\,(1+z)}{z^2}$ (3) $\dfrac{\tan z}{z}$

2.2 つぎの関数の特異点の位置と種類を調べよ．
(1) $\dfrac{1-e^z}{1+e^z}$ (2) $\dfrac{1-\cos z}{z^2}$ (3) $\tan^2 z$

---例題 3---ベルヌイの数---

$f(z) = \dfrac{z}{e^z - 1}$ の $|z| > 0$ でのローラン展開を考える．

(1) $z = 0$ は $f(z)$ の除去可能な特異点となり主要部は 0 となることを示せ．

(2) $f(z) = \displaystyle\sum_{n=0}^{\infty} \dfrac{b_n}{n!} z^n$ と書くとき b_0, b_1, b_2, b_3, b_4 を求めよ．

---

(1)は定理 5 を適用する．(2)は $(e^z - 1)f(z) = z$ の両辺の係数を比較して $b_0 \ldots b_4$ を求める．b_n を**ベルヌイの数**という．

解答 (1) $e^z - 1$ は $z = 0$ で位数 1 の零点をもつ．これより定理 5 から $z = 0$ は $f(z)$ の除去可能な特異点となり主要部は 0 となる．

(2) $(e^z - 1)f(z) = \displaystyle\sum_{n=0}^{\infty} c_n z^n$ とおく．

$(e^z - 1)f(z)$
$= \left(z + \dfrac{z^2}{2!} + \cdots + \dfrac{z^n}{n!} + \cdots \right) \left(b_0 + b_1 z + \dfrac{b_2}{2!} z^2 + \cdots + \dfrac{b_{n-1}}{(n-1)!} z^{n-1} + \cdots \right)$

となることより，z^n の係数を比較すると，

$$c_n = \dfrac{b_0}{n!} + \dfrac{b_1}{(n-1)!} + \dfrac{b_2}{(n-2)!2!} + \cdots + \dfrac{b_{n-1}}{(n-1)!} \quad (n \geq 1)$$

となる．$(e^z - 1)f(z) = z$ より，$c_1 = 1$, $c_n = 0 \, (n \geq 2)$ となるから

$$c_1 = b_0 = 1, \quad c_2 = \dfrac{b_0}{2} + b_1 = 0, \quad c_3 = \dfrac{b_0}{3!} + \dfrac{b_1}{2!} + \dfrac{b_2}{2!} = 0$$

$$c_4 = \dfrac{b_0}{4!} + \dfrac{b_1}{3!} + \dfrac{b_2}{2!2!} + \dfrac{b_3}{3!} = 0, \quad c_5 = \dfrac{b_0}{5!} + \dfrac{b_1}{4!} + \dfrac{b_2}{3!2!} + \dfrac{b_3}{2!3!} + \dfrac{b_4}{4!} = 0$$

を得る．これらを解いて

$$b_0 = 1, \quad b_1 = -\dfrac{1}{2}, \quad b_2 = \dfrac{1}{6}, \quad b_3 = 0, \quad b_4 = -\dfrac{1}{30}$$

問 題

3.1 つぎを証明せよ．

(1) $g(z) = \dfrac{z}{e^z - 1} + \dfrac{z}{2}$ は偶関数となる．

(2) b_n をベルヌイの数とすれば $b_{2n+1} = 0 \, (n \geq 1)$．

6.2 無限遠点での正則性と特異点

●**無限遠点でのローラン展開**● 1.3節で定義された拡張された複素数平面 $\boldsymbol{C}_\infty = \boldsymbol{C} \cup \{\infty\}$ を考えよう．このとき無限遠点 ∞ の近傍は $U(\infty, R) = \{|z| > R\} \cup \{\infty\}$ で与えられた (1.4節参照)．ある近傍 $U(\infty, R)$ で定義された関数 $f(z)$ に対し

$$F(\zeta) = f\left(\frac{1}{\zeta}\right)$$

とすると $F(\zeta)$ は 0 の近傍 $U_{1/R}(0) = \{|\zeta| < 1/R\}$ で定義された関数となる．

(1) $F(\zeta)$ が $\zeta = 0$ で正則 (または除去可能な特異点) のとき，$f(z)$ は $z = \infty$ で**正則**であるという．

(2) $\zeta = 0$ が $F(\zeta)$ の k 位の零点，k 位の極，真性特異点であるとき，$z = \infty$ をそれぞれ $f(z)$ の **k 位の零点**，**k 位の極**，**真性特異点**という．

(3) $F(\zeta)$ の $\zeta = 0$ でのローラン展開を $\sum_{n=1}^{\infty} c_{-n}\zeta^{-n} + \sum_{n=0}^{\infty} c_n \zeta^n$ とすると，

$$f(z) = \sum_{n=1}^{\infty} c_{-n} z^n + \sum_{n=0}^{\infty} \frac{c_n}{z^n} \quad (|z| > R)$$

となる．これを $f(z)$ の $z = \infty$ における**ローラン展開**という．また右辺の最初の級数

$$P(z, \infty) = \sum_{n=1}^{\infty} c_{-n} z^n$$

をローラン展開の**主要部**という．

●**有理関数**● 有理関数を拡張された複素数平面で考える．有理関数

$$f(z) = \frac{a_0 + a_1 z + \cdots + a_n z^n}{b_0 + b_1 z + \cdots + b_m z^m} \quad (a_n \neq 0,\ b_m \neq 0)$$

に対して，$n > m$ ならば $z = \infty$ は $f(z)$ の位数 $n - m$ の極であり，$n \leq m$ ならば $z = \infty$ で $f(z)$ は正則で，とくに $n < m$ のとき $z = \infty$ は位数 $m - n$ の零点となる．また $f(z)$ は $\boldsymbol{C}_\infty$ で有限個の極を持ち，それ以外の特異点をもたない．

定理 6 $f(z)$ が $\boldsymbol{C}_\infty$ で極 $a_1, a_2, \ldots, a_n$ 以外の特異点をもたないとする．$z = a_k$ での $f(z)$ のローラン展開の主要部を $P(z, a_k)$ とすれば

$$f(z) = P(z, a_1) + \cdots + P(z, a_k) + C \quad (C \text{ は定数})$$

となり，$f(z)$ は有理関数となる．

これは $f(z)$ の部分分数分解を表す．またある a_k が ∞ のとき $P(z, a_k)$ は多項式となることを注意する．

例題 4 ──────────────────────── 無限遠点における状態

(1) $f(z) = \dfrac{z^3}{z^2+1}$ の $\boldsymbol{C}_\infty$ における零点，極をすべて求め，零点の位数の総和と極の位数の総和が等しいことを示せ．

(2) $f(z) = \dfrac{\cosh z}{z}$ の無限遠点におけるローラン展開を求め，特異点の種類を調べよ．

$f(z)$ の $z = \infty$ での状態は，$f(1/\zeta)$ の $\zeta = 0$ の状態よりわかる．

[解答] (1) $f(z) = \dfrac{z^3}{z^2+1} = \dfrac{z^3}{(z+i)(z-i)}$ より $z = 0$ が 3 位の零点，$z = i$, $z = -i$ がいずれも 1 位の極となる．つぎに $z = 1/\zeta$ とし

$$F(\zeta) = f(1/\zeta) = \frac{\zeta^{-3}}{\zeta^{-2}+1} = \frac{1}{\zeta(1+\zeta^2)}$$

より $\zeta = 0$ が $F(\zeta)$ の 1 位の極，すなわち $z = \infty$ は $f(z)$ の 1 位の極となる．

以上より極の位数および零点の位数の総和はともに 3 となる．

(2) $z = 1/\zeta$ とおくと，$F(\zeta) = f(1/\zeta)$ の $\zeta = 0$ におけるローラン展開は

$$F(\zeta) = \zeta \cosh \frac{1}{\zeta} = \zeta \left(1 + \frac{1}{2!\zeta^2} + \frac{1}{4!\zeta^4} + \cdots\right) = \zeta + \frac{1}{2!\zeta} + \frac{1}{4!\zeta^3} + \cdots$$

より $f(z)$ の $z = \infty$ でのローラン展開は

$$f(z) = \frac{1}{z} + \frac{z}{2!} + \frac{z^3}{4!} + \cdots$$

となり，$z = \infty$ は $f(z)$ の真性特異点となる．

問題

4.1 つぎの関数の無限遠点におけるローラン展開を求め，特異点の種類を調べよ．

(1) $\dfrac{z^2}{z+2}$ (2) $\dfrac{z^4}{(1-z)^2}$ (3) $z \sinh \dfrac{1}{z}$

4.2 $f(z)$ が $\boldsymbol{C}_\infty$ で正則な関数とすれば，$f(z)$ は定数となることを証明せよ (複素数平面 $\boldsymbol{C}$ で有界な正則関数となることを示しリウヴィルの定理 (5.1 節定理 5) を利用する)．

6.3 留　　数

●**留数**● a を有限な点とし，$f(z)$ を $0 < |z-a| < r$ で正則な関数とする．a を中心とする $f(z)$ のローラン級数

$$f(z) = \sum_{n=1}^{\infty} \frac{c_{-n}}{(z-a)^n} + \sum_{n=0}^{\infty} c_n (z-a)^n \quad (0 < |z-a| < r)$$

における $1/(z-a)$ の係数 c_{-1} を a における $f(z)$ の**留数**（英語では Residue）といい

$$\mathrm{Res}\,(f(z);a) \quad \text{または} \quad \mathrm{Res}\,(a)$$

で表す．とくに C を a を囲む閉曲線とすると，つぎの関係をみたす (6.1 節定理 2)．

$$\mathrm{Res}\,(f(z);a) = c_{-1} = \frac{1}{2\pi i} \int_C f(z)\,dz$$

定理 7　$f(z)$ が $a(\neq \infty)$ を位数 p の極としているならば

$$\mathrm{Res}\,(f(z);a) = \frac{1}{(p-1)!} \lim_{z \to a} \left\{ \frac{d^{p-1}}{dz^{p-1}} \{(z-a)^p f(z)\} \right\}$$

とくに a が 1 位の極のとき $\mathrm{Res}(f(z);a) = \lim_{z \to a}(z-a)f(z)$ となる．

定理 8　$f(z), g(z)$ が a で正則で，a は $g(z)$ の 1 位の零点とする．このとき

$$\mathrm{Res}\,((f/g)(z),a) = \frac{f(a)}{g'(a)}$$

定理 9（留数定理）　D を閉曲線 C で囲まれた領域とする．$f(z)$ が D 内の有限個の点 $a_1, \cdots, a_p$ を特異点とし，それ以外の D の点と C で正則ならば

$$\int_C f(z)dz = 2\pi i \sum_{j=1}^{p} \mathrm{Res}\,(f(z);a_j)$$

●**無限遠点における留数**●　$f(z)$ が $r < |z| < \infty$ で正則とし，∞ での $f(z)$ のローラン展開を

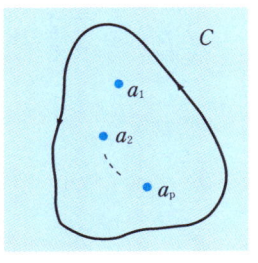

$$f(z) = \sum_{n=1}^{\infty} c_{-n} z^n + \sum_{n=0}^{\infty} c_n \frac{1}{z^n} \quad (r < |z| < \infty)$$

とする．$\dfrac{1}{z}$ の係数に -1 を乗じた $-c_1$ を**無限遠点における $f(z)$ の留数**といい

$$\mathrm{Res}\,(f(z),\infty) \quad \text{または} \quad \mathrm{Res}\,(\infty)$$

と表す．このとき C を円 $|z| = \rho\ (\rho > r)$ とすると $\mathrm{Res}\,(f(z),\infty) = \dfrac{1}{2\pi i} \int_{-C} f(z)\,dz$ となる．

定理 10　$f(z)$ が有限個の特異点 $a_1, \ldots, a_p$ を除いて複素数平面 $\boldsymbol{C}$ で正則ならば

$$\sum_{j=1}^{p} \mathrm{Res}\,(f(z);a_j) + \mathrm{Res}\,(f(z);\infty) = 0$$

例題 5 ──────────────────────────── 留数の計算法

つぎの関数の特異点を求め，その点での留数を計算せよ．

(1) $\dfrac{z}{(z+1)^2(z-2)}$ (2) $\cot z = \dfrac{\cos z}{\sin z}$ (3) $z^2 \sin \dfrac{1}{z}$

(1)は定理 7 を，(2)は定理 8 を，(3)はローラン展開を用いる．

[解答] (1) $f(z) = \dfrac{z}{(z+1)^2(z-2)}$ は $z = -1$ で 2 位の極，$z = 2$ で 1 位の極となる特異点を持つ．定理 7 より

$$\mathrm{Res}\,(-1) = \lim_{z \to -1} \frac{1}{1!} \left\{ \frac{d}{dz}(z+1)^2 \frac{z}{(z+1)^2(z-2)} \right\} = \lim_{z \to -1} \frac{-2}{(z-2)^2} = \frac{-2}{9}$$

$$\mathrm{Res}\,(2) = \lim_{z \to 2}(z-2) \frac{z}{(z+1)^2(z-2)} = \lim_{z \to 2} \frac{z}{(z+1)^2} = \frac{2}{9}$$

(2) $g(z) = \sin z$ とおく．$\cot z$ は $g(z) \neq 0$ となる点で正則，$g(z)$ の零点は $n\pi$（n は整数）で，$g'(n\pi) = \cos n\pi \neq 0$ から，$n\pi$ は $\cot z$ の位数 1 の極である．定理 8 より

$$\mathrm{Res}\,(n\pi) = \frac{\cos n\pi}{[\sin' z]_{z=n\pi}} = \frac{\cos n\pi}{\cos n\pi} = 1$$

(3) $f(z) = z^2 \sin \dfrac{1}{z}$ の特異点は $z = 0$ だけで，この点でのローラン展開は

$$f(z) = z^2 \left(\frac{1}{z} - \frac{1}{3!z^3} + \frac{1}{5!z^5} - \cdots \right) = z - \frac{1}{6} \cdot \frac{1}{z} + \frac{1}{120} \cdot \frac{1}{z^3} - \cdots$$

となる．これより $\mathrm{Res}\,(0) = -\dfrac{1}{6}$ となる．

問題

5.1 つぎの関数の特異点を求め，その点での留数を計算せよ．

(1) $\dfrac{\cos z}{z(z-2i)}$ (2) $\dfrac{z}{z^3+8}$ (3) $\tan z$

5.2 つぎの関数の $z = 0$ における留数を求めよ．

(1) $\dfrac{z}{\cosh z - \cos z}$ (2) $\dfrac{1}{z(e^z - 1)}$

5.3 $f(z) = \dfrac{z^2}{(z-1)^3}$ のとき $\dfrac{f'(z)}{f(z)}$ の特異点を求め留数を計算せよ．

6.3 留　数

例題 6 ──────────────────── 留数を利用した積分値 ──

図のような正方形の周を C とする．このとき定理 9 (留数定理) を用いて，つぎの積分値を計算せよ．

(1) $\displaystyle\int_C \frac{2z+1}{z(z-3)}\,dz$　　(2) $\displaystyle\int_C \frac{e^z}{2z^2+1}\,dz$

(3) $\displaystyle\int_C z^2 \sin\frac{1}{z}\,dz$

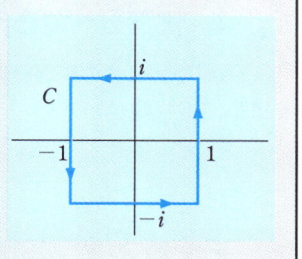

留数を求めるには (1) については定理 7，(2) については定理 8 を用いる．

解答　(1) $f(x)=\dfrac{2z+1}{z(z-3)}$ の特異点は $z=0,\,3$ で，このうち C の内部にあるのは $z=0$ である．したがって留数定理と定理 7 より，

$$\int_C \frac{2z+1}{z(z-3)}\,dz = 2\pi i\,\mathrm{Res}(0) = 2\pi i\lim_{z\to 0} zf(z) = 2\pi i\left(-\frac{1}{3}\right) = -\frac{2\pi i}{3}$$

(2) $f(z)=\dfrac{e^z}{2z^2+1}$ の特異点は $\pm i/\sqrt{2}$ で，$2z^2+1$ の 1 位の零点となる．またそれらは C の内部にある．

$$\mathrm{Res}\left(\frac{i}{\sqrt{2}}\right) = \lim_{z\to i/\sqrt{2}} \frac{e^z}{(2z^2+1)'} = \lim_{z\to i/\sqrt{2}} \frac{e^z}{4z} = \frac{\sqrt{2}}{4i}e^{\frac{i}{\sqrt{2}}}$$

同様に $\mathrm{Res}\left(-\dfrac{i}{\sqrt{2}}\right) = \dfrac{\sqrt{2}i}{4}e^{-\frac{i}{\sqrt{2}}}$ を得る．

$$\int_C \frac{e^z}{2z^2+1}\,dz = 2\pi i\left(\mathrm{Res}\left(\frac{i}{\sqrt{2}}\right) + \mathrm{Res}\left(\frac{-i}{\sqrt{2}}\right)\right) = \sqrt{2}\pi i\sin\frac{1}{\sqrt{2}}$$

(3) $f(z)=z^2\sin\dfrac{1}{z}$ の特異点は $z=0$ で，そこでの留数は例題 5 (3) より $-1/6$ となる．したがって留数定理より $\displaystyle\int_C z^2\sin\frac{1}{z}\,dz = 2\pi i\,\mathrm{Res}(0) = -\frac{\pi}{3}i$

問　題

6.1　つぎの積分を計算せよ．

(1) $\displaystyle\int_{|z-i|=3} \frac{z+1}{z^2-2z}\,dz$　　(2) $\displaystyle\int_{|z|=3} \frac{\cos z}{(z+1)^2(z-2)}\,dz$

(3) $\displaystyle\int_{|z|=1} ze^{\frac{1}{z}}\,dz$

6.2　$f(z)=(z-a)^3(z-b)^4,\ (a\neq b)$ とする．このとき点 a,b を囲む円 C に対して，積分 $\displaystyle\int_C \frac{f'(z)}{f(z)}\,dz$ を求めよ．

6.4 実積分への応用

● $\cos\theta$, $\sin\theta$ の有理関数 ● $R(u,v)$ を u,v の有理関数とする．$R(\cos\theta, \sin\theta)$ を単位円上の関数と考えるために $z = e^{i\theta}$ $(0 \leq \theta \leq 2\pi)$ とおくと

$$\cos\theta = \frac{1}{2}\left(z + \frac{1}{z}\right), \quad \sin\theta = \frac{1}{2i}\left(z - \frac{1}{z}\right)$$

となる．$R(\cos\theta, \sin\theta)$ にこれらを代入して得られる z の有理関数を $G(z)$ とする：

$$G(z) = R\left(\frac{1}{2}\left(z + \frac{1}{z}\right), \frac{1}{2i}\left(z - \frac{1}{z}\right)\right)$$

定理 11 $G(z)$ が $|z| = 1$ 上に極を持たないとき

$$\int_0^{2\pi} F(\cos\theta, \sin\theta)\,d\theta = 2\pi \sum_{|z|<1} \operatorname{Res}\left\{\frac{G(z)}{z}\right\}$$

ここで，右辺の和は単位円内部にある $G(z)/z$ の極の全体についてとる（例題 7 参照）．

● 有理関数の積分 $\displaystyle\int_{-\infty}^{\infty} R(x)\,dx$ ●

定理 12 $R(x) = P(x)/Q(x)$ を有理関数で，$P(x), Q(x)$ をそれぞれ m 次，n 次の多項式とする．$n - m \geq 2$ で，$Q(x) = 0$ が実根をもたないなら

$$\int_{-\infty}^{\infty} R(x)\,dx = 2\pi i \sum_{\operatorname{Im} z > 0} \operatorname{Res}\{R(z)\}$$

ここで，右辺の和は上半平面にある $R(z)$ の極全体についてとる．

● 有理関数のフーリエ積分 ●

定理 13 $R(x) = P(x)/Q(x)$ を有理関数で，$P(x), Q(x)$ をそれぞれ m 次，n 次の多項式とする．$n - m \geq 1$ で $Q(x) = 0$ が実根をもたないなら

$$\int_{-\infty}^{\infty} R(x)e^{iax}\,dx = 2\pi i \sum_{\operatorname{Im} z > 0} \operatorname{Res}\{R(z)e^{iaz}\} \quad (a > 0)$$

となる．とくに実部と虚部を比較して，

$$\int_{-\infty}^{\infty} R(x)\cos ax\,dx = \operatorname{Re}\left\{2\pi i \sum_{\operatorname{Im} z > 0} \operatorname{Res}(R(z)e^{iaz})\right\}$$

$$\int_{-\infty}^{\infty} R(x)\sin ax\,dx = \operatorname{Im}\left\{2\pi i \sum_{\operatorname{Im} z > 0} \operatorname{Res}(R(z)e^{iaz})\right\}$$

ここで，右辺の和は上半平面にある $R(z)e^{iaz}$ の極全体についてとる．

6.4 実積分への応用

上の定理 12, 定理 13 で $R(x)$ が実軸上に 1 位の極をもつ場合を考える. まず積分の主値を定義しよう. $F(x)$ が $[a, b]$ 内の 1 点 c 以外で連続のとき

$$\lim_{\varepsilon \to 0}\left\{\int_a^{c-\varepsilon} F(x)\,dx + \int_{c+\varepsilon}^b F(x)\,dx\right\}$$

が存在するならば, この極限値を**コーシーの主値積分**あるいは**積分の主値**といい

$$P.V.\int_a^b F(x)\,dx$$

と書く. 特異積分が存在しなくても, 積分の主値が存在することがある.

定理 14 定理 12 において $R(z)$ が実軸上に位数 1 の極をもつとすると

$$P.V.\int_{-\infty}^{\infty} R(x)\,dx = 2\pi i\left\{\sum_{\mathrm{Im}\,z>0}\mathrm{Res}\,(R(z)) + \frac{1}{2}\sum_{\mathrm{Im}\,z=0}\mathrm{Res}\,(R(z))\right\}$$

ここで $P.V.$ は実軸上 $R(z)$ の極に対して主値をとることとする.

定理 15 定理 13 において $R(z)$ が実軸上に位数 1 の極をもつとすると

$$P.V.\int_{-\infty}^{\infty} R(x)e^{iax}dx$$

$$= 2\pi i\left\{\sum_{\mathrm{Im}\,z>0}\mathrm{Res}\,(R(z)e^{iaz}) + \frac{1}{2}\sum_{\mathrm{Im}\,z=0}\mathrm{Res}\,(R(z)e^{iaz})\right\}$$

ここで $P.V.$ は実軸上の $R(z)$ の極に対して主値をとることとする.

● $\displaystyle\int_0^{\infty} x^a R(x)\,dx\,(0 < a < 1)$ **の積分** ●

定理 16 $R(x) = P(x)/Q(x)$ を有理関数で $P(x), Q(x)$ をそれぞれ m 次, n 次の多項式とする. $n - m \geqq 2$ で $Q(x)$ が正の実軸上に根をもたないなら

$$\int_0^{\infty} x^a R(x)\,dx = \frac{2\pi i}{1 - e^{2\pi a i}}\sum_{z \neq 0}\mathrm{Res}\,(z^a R(z))\quad (0 < a < 1)$$

ここで右辺の和は 0 以外の $z^a R(z)$ の極全体についてとる. また関数 z^a は $z = re^{i\theta}\,(0 < \theta < 2\pi)$ に対し

$$z^a = r^a e^{ia\theta}$$

であるとする.

―― 例題 7 ――――――――――――――――――――― 実積分への応用 ――

つぎの積分の値を求めよ．
$$\int_0^{2\pi} \frac{\sin^2\theta}{5-4\cos\theta}\,d\theta$$

$z = e^{i\theta}$ $(0 \leq \theta \leq 2\pi)$, $d\theta = \dfrac{1}{iz}\,dz$, $\cos\theta = \dfrac{1}{2}\left(z+\dfrac{1}{z}\right)$, $\sin\theta = \dfrac{1}{2i}\left(z-\dfrac{1}{z}\right)$ として，定理 1 を適用する．

解答 $G(z) = \dfrac{\{(z-z^{-1})/2i\}^2}{5-4(z+z^{-1})/2} = \dfrac{(z^2-1)^2}{4z(2z-1)(z-2)}$ となる．$G(z)/z$ の特異点は $0, 1/2, 2$ であるが，単位円内部にあるのは 0 と $1/2$ で，それぞれ位数 2, 1 の極である．それらの留数を 6.3 節定理 7 より求める．

$$\operatorname{Res}\left\{\frac{G(z)}{z}; 0\right\} = \lim_{z\to 0}\frac{d}{dz}\left\{z^2\frac{(z^2-1)^2}{4z^2(2z-1)(z-2)}\right\} = \frac{5}{16}$$

$$\operatorname{Res}\left\{\frac{G(z)}{z}; \frac{1}{2}\right\} = \lim_{z\to 1/2}\left(z-\frac{1}{2}\right)\frac{(z^2-1)^2}{4z^2(2z-1)(z-2)} = \frac{-3}{16}$$

となる．したがって定理 11 より

$$\int_0^{2\pi} \frac{\sin^2\theta}{5-4\cos\theta}\,d\theta = 2\pi\left(\operatorname{Res}\left\{\frac{G(z)}{z}; 0\right\} + \operatorname{Res}\left\{\frac{G(z)}{z}; \frac{1}{2}\right\}\right)$$

$$= 2\pi\left(\frac{5}{16} - \frac{3}{16}\right) = \frac{\pi}{4}$$

―― 問　題 ――

7.1 つぎの積分の値を求めよ．

(1) $\displaystyle\int_0^{2\pi} \frac{1}{2+\sin\theta}\,d\theta$　　(2) $\displaystyle\int_0^{2\pi} \frac{2\cos\theta}{17-8\cos\theta}\,d\theta$

7.2 つぎの式を証明せよ．

(1) $\displaystyle\int_0^{2\pi} \frac{1}{1-2a\cos\theta+a^2}\,d\theta = \frac{2\pi}{1-a^2}$　$(|a|<1)$

(2) $\displaystyle\int_0^{\pi} \frac{1}{a^2+\sin^2\theta}\,d\theta = \frac{\pi}{a\sqrt{1+a^2}}$　$(a>0)$

($z = e^{2i\theta}$ とおき，単位円周上 $|z|=1$ の積分へ変更する．)

例題 8 ——— 実無限積分への応用例 (1)

$R(z) = z^2/(z^4+1)$ について，つぎの問に答えよ．
(1) $r > 1$ とし，右図のような半円を C_r とする．このときつぎの不等式を示せ．
$$\left|\int_{C_r} R(z)\,dz\right| \leq \frac{\pi r^3}{r^4-1}$$
(2) 上半平面にある $R(z)$ の 2 つの極 α_1, α_2 における留数 $\mathrm{Res}(\alpha_1)$，$\mathrm{Res}(\alpha_2)$ を求めよ．
(3) 留数定理と(1), (2)を利用して $\int_{-\infty}^{\infty} \frac{x^2}{x^4+1}\,dx$ の値を求めよ．

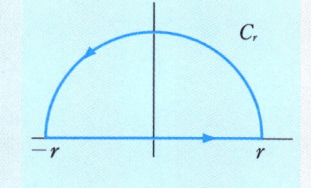

解答 (1) $z = re^{i\theta}$ $(0 \leq \theta \leq \pi)$ とすると $dz = ire^{i\theta}d\theta$ となるから
$$\left|\int_{C_r} R(z)\,dz\right| = \left|\int_0^\pi \frac{r^2 e^{2i\theta}}{r^4 e^{4i\theta}+1} \cdot ire^{i\theta}d\theta\right| \leq \int_0^\pi \frac{r^3}{r^4-1}d\theta = \frac{\pi r^3}{r^4-1}$$

(2) $z^4 = -1 = e^{i\pi}$ の根は $z = e^{i(1+2k)\pi/4}$ $(k=0,1,2,3)$ より，上半平面にある $R(z)$ の極は $\alpha_1 = e^{i\pi/4}$，$\alpha_2 = e^{3i\pi/4}$ となる．そこでの留数は 6.3 節定理 8 より
$$\mathrm{Res}(\alpha_1) = \frac{\alpha_1^2}{4\alpha_1^3} = \frac{1}{4\alpha_1} = \frac{\sqrt{2}}{4(1+i)} = \frac{\sqrt{2}(1-i)}{8}$$
となる．同様に $\mathrm{Res}(\alpha_2) = \sqrt{2}(-1-i)/8$ となる．

(3) 留数定理と(2)より $\int_{-r}^r R(x)\,dx + \int_{C_r} R(z)\,dz = 2\pi i(\mathrm{Res}(\alpha_1) + \mathrm{Res}(\alpha_2))$
$= \frac{\sqrt{2}}{2}\pi$ となる．また(1)より $\lim_{r\to\infty} \int_{C_r} R(z)\,dz = 0$ だから $\int_{-\infty}^{\infty} \frac{x^2}{x^4+1}\,dx = \lim_{r\to\infty} \int_{-r}^r R(x)\,dx = \frac{\sqrt{2}}{2}\pi$．

注意 例題 8 の解答を一般化して定理 12 が証明される．

問題

8.1 つぎの積分を計算せよ．

(1) $\int_{-\infty}^{\infty} \frac{x^4}{x^6+1}\,dx$ 　　(2) $\int_{-\infty}^{\infty} \frac{1}{x^4+6x^2+8}\,dx$

8.2 $\int_0^\infty \frac{1}{x^{2n}+1}\,dx = \frac{\pi}{2n\sin(\pi/2n)}$ （n は自然数）を証明せよ．

例題 9 ―――――――――――――――― 実無限積分への応用例 (2) ――

$R(z) = \dfrac{1}{z^2 + a^2}\ (a > 0)$ について，つぎの問に答えよ．

(1) $r > a$ とし右図のような半円を C_r とする．このとき $\lambda > 0$ に対して，つぎの不等式を示せ．
$$\left|\int_{C_r} R(z)e^{i\lambda z} dz\right| \leq \frac{\pi r}{r^2 - a^2}$$

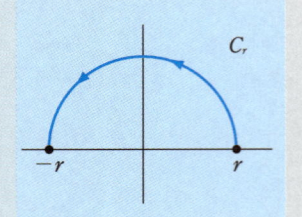

(2) $R(z)e^{i\lambda z}$ の特異点 ia における留数 $\mathrm{Res}\,(ia)$ を求めよ．

(3) 留数定理と (1), (2) を利用して $\displaystyle\int_{-\infty}^{\infty} \frac{e^{i\lambda x}}{x^2 + a^2}\,dx$ の値を求めよ．

解答 (1) $z = re^{i\theta}\,(0 \leq \theta \leq \pi)$ とすると，$|e^{i\lambda z}| = e^{-\lambda y} \leq 1$ より
$$\left|\int_{C_r} R(z)e^{i\lambda z} dz\right| \leq \int_0^{\pi} \left|\frac{e^{i\lambda z}}{r^2 e^{2i\theta} + a^2} ire^{i\theta}\right| d\theta = \frac{\pi r}{r^2 - a^2}$$

(2) 6.3 節定理 8 より
$$\mathrm{Res}\,(ia) = \frac{e^{i\lambda \cdot ia}}{2ia} = \frac{e^{-\lambda a}}{2ia}$$

(3) 留数定理と (2) より
$$\int_{-r}^{r} R(x)e^{i\lambda x}dx + \int_{C_r} R(z)e^{i\lambda z}dz = 2\pi i\,\mathrm{Res}\,(ia) = \frac{\pi e^{-\lambda a}}{a}$$
となり，また (1) より $\displaystyle\lim_{r\to\infty}\int_{C_r} R(z)e^{-iz\lambda}dz = 0$ だから
$$\int_{-\infty}^{\infty} \frac{e^{i\lambda x}}{x^2 + a^2}\,dx = \lim_{r\to\infty}\int_{-r}^{r} R(x)e^{i\lambda x}dx = \frac{\pi e^{-\lambda a}}{a}$$

注意 例題 9 の解答を一般化して定理 13 が証明される．

問題

9.1 つぎの積分を計算せよ．

(1) $\displaystyle\int_{-\infty}^{\infty} \frac{\cos x}{x^4 + 1}\,dx$ (2) $\displaystyle\int_{-\infty}^{\infty} \frac{\sin 2x}{x^2 + x + 1}\,dx$

9.2 つぎの式を証明せよ．ただし $a > 0$ とする．
$$\int_0^{\infty} \frac{x\sin x}{x^2 + a^2}\,dx = \frac{\pi}{2}e^{-a} \quad (a > 0)$$

例題 10 — 実無限積分への応用例 (3)

$f(z) = \dfrac{z^{a-1}}{z+1}$ $(0 < a < 1)$ とする．また図のように円弧 C_1, C_2 と線分 l_1, l_2 をつないだ閉曲線を Γ とする．このとき以下の問に答えよ．

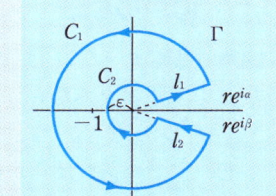

(1) 留数定理を用いて $\displaystyle\int_\Gamma f(z)\,dz$ の値を求めよ．

(2) $\displaystyle\int_{C_1} f(z)\,dz \to 0\ (r \to \infty)$ および $\displaystyle\int_{C_2} f(z)\,dz \to 0\ (\varepsilon \to 0)$ を示せ．

(3) (1), (2) を利用し $\displaystyle\int_0^\infty \frac{x^{\alpha-1}}{x+1}\,dx = \frac{\pi}{\sin a\pi}$ を証明せよ．

解答 (1) $f(z)$ の $z = -1$ での留数は，$\text{Res}(-1) = \lim(z+1)f(z) = (-1)^{a-1} = (e^{i\pi})^{a-1} = -e^{i\pi a}$．これより留数定理から $\displaystyle\int_\Gamma f(z)\,dz = -2\pi i e^{i\pi a}$ となる．

(2) C_1 上で $z = re^{i\theta}$ $(\alpha \leq \theta \leq \beta)$，$-C_2$ 上で $z = \varepsilon e^{i\theta}$ $(\alpha \leq \theta \leq \beta)$ となるから

$$\left|\int_{C_1} f(z)\,dz\right| \leq \int_\alpha^\beta \frac{r^{a-1}}{r-1} r\,d\theta < \frac{2\pi r^a}{r-1} \to 0 \quad (r \to \infty)$$

$$\left|\int_{C_2} f(z)\,dz\right| \leq \int_\alpha^\beta \frac{\varepsilon^{a-1}}{1-\varepsilon} \varepsilon\,d\theta < \frac{2\pi \varepsilon^a}{1-\varepsilon} \to 0 \quad (\varepsilon \to 0)$$

(3) (1)より $\displaystyle\int_\Gamma f(z)\,dz = \int_{C_1} f(z)\,dz + \int_{C_2} f(z)\,dz + \int_{l_1} f(z)\,dz + \int_{l_2} f(z)\,dz$

の値は $-2\pi i e^{i\pi a}$ となる．l_1 上で $dz = e^{i\alpha}dt$ $(\varepsilon \leq t \leq r)$ から

$$\int_{l_1} f(z)\,dz = e^{ia\alpha}\int_\varepsilon^r \frac{t^{a-1}}{te^{i\alpha}+1}\,dt \to \int_0^\infty \frac{t^{a-1}}{t+1}\,dt \quad (\alpha \to 0,\ \varepsilon \to 0,\ r \to \infty)$$

$$\int_{l_2} f(z)\,dz = -e^{ia\beta}\int_\varepsilon^r \frac{t^{a-1}}{te^{i\beta}+1}\,dt \to -e^{i2\pi a}\int_0^\infty \frac{t^{a-1}}{t+1}\,dt \quad (\beta \to 2\pi)$$

より，(2)の結果から $\displaystyle\int_0^\infty \frac{t^{a-1}}{t+1}\,dt = -\frac{2\pi i e^{i\pi a}}{1-e^{i2\pi a}} = \frac{2\pi i}{e^{i\pi a}-e^{-i\pi a}} = \frac{\pi}{\sin \pi a}$

注意 例題 10 の解答を一般化して定理 16 が証明される．

問題

10.1 定理 16 を用いて，$\displaystyle\int_0^\infty \frac{1}{\sqrt{x}(x+1)^2}\,dx = \frac{\pi}{2}$ を証明せよ．

6.5 偏角の原理

●**偏角の原理**● $f(z)$ は領域 D で**有理型** (6.1 節参照) とする．D の点 a が $f(z)$ の位数 k の零点となるなら $f'(z)/f(z)$ は位数 1 の極となり，その点での留数は k となる．また D の点 b が $f(z)$ の位数 l の極ならば，b は $f'(z)/f(z)$ の位数 1 の極となり，その点での留数は $-l$ となる．

定理 17 （**偏角の原理**） $f(z)$ は無限遠点を含まない単連結領域で有理型とする．$f(z)$ の零点を $a_1, a_2, \cdots, a_n$，極を $b_1, b_2, \cdots, b_m$ とし，それぞれの位数を $k_1, k_2, \cdots, k_n$ および $l_1, l_2, \cdots, l_m$ とする．これらの零点および極をすべて内部に含む D 内の閉曲線 C に対してつぎの式が成り立つ．

$$\frac{1}{2\pi i} \int_C \frac{f'(z)}{f(z)} \, dz = \sum_{j=1}^n k_j - \sum_{k=1}^m l_k$$

系 $f(z)$ が閉曲線 C および C の内部 D の各点で正則で，C 上で零点をもたないとする．このとき $f(z)$ の零点の個数 (重複度を含める) を N とすれば

$$\frac{1}{2\pi i} \int_C \frac{f'(z)}{f(z)} \, dz = N$$

●**ルーシェの定理**● 方程式の根の存在や個数を調べるのに，つぎの定理は有用である．

定理 18 （**ルーシェの定理**） $f(z), g(z)$ が単連結領域 D で正則とする．また C を D 内の閉曲線とする．C 上のすべての点で

$$|f(z)| > |g(z)|$$

となるならば，$f(z)$ と $f(z) + g(z)$ は C の内部に同じ個数の零点 (重複度を含める) をもつ．

ルーシェの定理を用いても，前述した代数学の基本定理 (5.1 節定理 7 参照) の別証明が得られる．

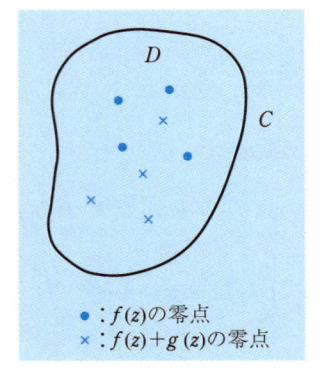

6.5 偏角の原理

例題 11 ─────────────────── ルーシェの定理の利用 ──

方程式 $z^3 + 5z + 1 = 0$ の根は，すべて $\dfrac{1}{6} < |z| < \dfrac{5}{2}$ の範囲にあることを示せ．

ルーシェの定理 (定理 18) をつぎの場合に適用する．
(1) C は円周 $|z| = 5/2$, $f(z) = z^3$, $g(z) = 5z + 1$.
(2) C は円周 $|z| = 1/6$, $f(z) = 1$, $g(z) = z^3 + 5z$.

解答 (1) 円周 $|z| = 5/2$ 上では，$|f(z)| = |z|^3 = (5/2)^3 = 125/8$ となる．また
$$|g(z)| = |5z + 1| \leq 5|z| + 1 = \frac{27}{2} = \frac{108}{8}$$
より $|g(z)| < |f(z)|$ が円周上で成り立つ．定理 18 より $f(z) = z^3 = 0$ と $f(z) + g(z) = z^3 + 5z + 1 = 0$ は $|z| < 5/2$ の範囲に同数の根をもつ．$f(z) = 0$ の根 $z = 0$ は 3 重根だから代数学の基本定理から $z^3 + 5z + 1 = 0$ のすべての根は $|z| < 5/2$ の範囲にある．

(2) 円周 $|z| = 1/6$ 上では $|f(z)| = 1$ より
$$|g(z)| = |z^3 + 5z| \leq |z|^3 + 5|z| = \left(\frac{1}{6}\right)^3 + \frac{5}{6} < |f(z)|$$
となる．方程式 $f(z) = 0$ は $|z| < 1/6$ で根をもたないので，定理 18 より $f(z) + g(z) = z^3 + 5z + 1 = 0$ も $|z| < 1/6$ の範囲に根はもたない．さらに上の不等式より $|z| = 1/6$ 上で $f(z) + g(z) \neq 0$ となるから $z^3 + 5z + 1 = 0$ の根はすべて $|z| > 1/6$ にある．

問題

11.1 つぎの方程式の単位円の内部にある根の個数を求めよ．
(1) $z^9 - 2z^6 + 8z - 2 = 0$ (2) $z^4 + 5z + 1 = 0$
(3) $z^6 - 5z^4 + z^3 - 2z = 0$

11.2 n を正の整数，$|a| > e$ とする．このとき方程式
$$e^z - az^n = 0$$
は $|z| < 1$ において n 個の根を持つことを示せ．

11.3 $g(z)$ は $|z| \leq 1$ で正則で，$|z| = 1$ で $|g(z)| < 1$ とする．このとき $g(z)$ は $|z| < 1$ にただ 1 つの不動点 ($g(z) = z$ となる点) をもつことを証明せよ．

例題 12 — 零点の個数

$f(z)$ は $|z| \leq r$ において正則で円周 $|z| = r$ 上で $f(z) \neq 0$ とする．また $|z| = r$ における $\mathrm{Re}\,(zf'(z))/f(z)$ の最大値を M とする:
$$M = \max\left\{ \mathrm{Re}\left(\frac{zf'(z)}{f(z)}\right);\ |z| = r \right\}$$
このとき M は $|z| < r$ の $f(z)$ の零点の個数以上となることを示せ．

零点の個数を $[0, 2\pi]$ 上の積分で表し，両辺の実数部分をとる．

[解答] 定理 17 の系より，N を（重複度を含めた）$f(z)$ の $|z| < r$ における零点の個数とすれば，
$$N = \frac{1}{2\pi i} \int_{|z|=r} \frac{f'(z)}{f(z)}\, dz$$
となる．$z = re^{i\theta}$ $(0 \leq \theta \leq 2\pi)$ とすると $dz = iz\, d\theta$ となり，右辺の積分は
$$\frac{1}{2\pi} \int_0^{2\pi} z\frac{f'(z)}{f(z)}\, d\theta$$
と書けるから，実部をとって，
$$N = \frac{1}{2\pi} \mathrm{Re} \int_0^{2\pi} z\frac{f'(z)}{f(z)}\, d\theta = \frac{1}{2\pi} \int_0^{2\pi} \mathrm{Re}\left(z\frac{f'(z)}{f(z)}\right) d\theta \leq \frac{1}{2\pi} \int_0^{2\pi} M\, d\theta = M$$

問題

12.1 つぎの関数 $f(z)$ と円 C について $\dfrac{1}{2\pi i} \displaystyle\int_C \dfrac{f'(z)}{f(z)}\, dz$ の値を求めよ．

(1) $f(z) = \dfrac{\cos z}{(z+1)^3 z^2 (z-i)} \qquad C: |z| = 5$

(2) $f(z) = \dfrac{(z^2+1)^2}{(z^2+2z+2)^3} \qquad C: |z| = 4$

12.2 $f(z)$ は閉曲線 C の内部および C 上で正則で，C 上で $f(z) \neq 0$ とする．$f(z)$ が C の内部に位数 $k_1, \ldots, k_p$ の零点 $a_1, \ldots, a_p$ をもち，n を自然数とするとき，つぎの式を証明せよ．
$$\frac{1}{2\pi i} \int_C z^n \frac{f'(z)}{f(z)}\, dz = k_1 a_1^n + k_2 a_2^n + \cdots + k_p a_p^n$$

例題 13 ━━━━━━━━━━━━━━━━ ルーシェの定理の応用 ━━

$f(z)$ は $z = a$ で正則で, $f'(a) \neq 0$ とする. $f(a) = \alpha$ とするとき, 適当な $\varepsilon > 0$ と $\delta > 0$ が定まり, $U_\delta(\alpha) = \{|w - \alpha| < \delta\}$ の任意の w に対して方程式
$$f(z) - w = 0$$
が $U_\varepsilon(a) = \{|z - a| < \varepsilon\}$ に唯一の根をもつことをルーシェの定理を用いて証明せよ.

仮定より, $z = a$ で正則な関数 $g(z)$ が定まり $f(z) - \alpha = (z-a)g(z)$ と書ける. $g(a) = f'(a) \neq 0$ となることを用いる.

[解答] $g(z)$ は $z = a$ で連続より, 適当な $\varepsilon > 0$ とると, $U_\varepsilon(a)$ の各点 z に対して, $|g(z)| > \dfrac{|f'(a)|}{2}$ (> 0) とできる. $F(z) = f(z) - \alpha$, $\delta = \dfrac{\varepsilon|f'(a)|}{4}$ とおく. $|z - a| = \varepsilon$ のとき,
$$|F(z)| = |f(z) - \alpha| = |(z-a)g(z)| \geq \frac{\varepsilon|f'(a)|}{2} > \delta$$
このとき $|w - \alpha| < \delta$ となる w に対して, ルーシェの定理より, 2つの方程式
$$F(z) = f(z) - \alpha = 0, \quad F(z) + (\alpha - w) = f(z) - w = 0$$
は $U_\varepsilon(a)$ 上に同数の根をもつ. $F(z) = (z-a)g(z) = 0$ の $U_\varepsilon(a)$ での根は, $g(z) \neq 0$ より $z = a$ のみだから, $f(z) - w$ の根も唯一となる.

[注意] 点 a を含む開集合を a の近傍とよぶ. 上の例題より $W = U_\varepsilon(a) \cap f^{-1}(U_\delta(\alpha))$ とおくと, f は a の近傍 W から, α の δ–近傍 $U_\delta(\alpha)$ への1対1の写像となる.

━━ 問 題 ━━

13.1 $f(z)$ は $z = a$ で正則で, $f(a) = \alpha$ とする. ある自然数 p に対し,
$$f'(a) = f''(a) = \cdots = f^{(p-1)}(a) = 0, \quad f^{(p)}(a) \neq 0$$
とするならば, 適当な $\varepsilon > 0$ と $\delta > 0$ が定まり, $U_\delta(\alpha) = \{w; |w - \alpha| < \delta\}$ の任意の w に対して,
$$f(z) - w = 0$$
が $U_\varepsilon(a)$ 内に p 個の根をもつことを証明せよ.

演習問題

演習 1 $a \neq 0$ とし $f(z) = \dfrac{1}{z^3}$ とする．このとき (1), (2) に答えよ．

(1) $w = \dfrac{a}{z-a}$ とする．このとき $f(z) = \dfrac{1}{(z-a)^3(1+w)^3}$ となる．

(2) $f(z)$ を円環領域 $|z-a| > |a|$ でローラン展開せよ．

演習 2 $f(z) = \dfrac{z^3}{z^2+1}$ の $\boldsymbol{C}_\infty = \boldsymbol{C} \cup \{\infty\}$ における零点，極をすべて求め，零点の位数の総和と極の位数の総和が等しいことを示せ．

演習 3 つぎの積分値を 6.4 節定理 12, 定理 13 を利用して求めよ．

(1) $\displaystyle\int_{-\infty}^{\infty} \dfrac{1}{(x^2+1)^2}\, dx$

(2) $\displaystyle\int_{-\infty}^{\infty} \dfrac{\cos x}{(x^2+1)^2}\, dx$

演習 4 つぎの式を証明せよ．ただし $a > b > 0$ とする．
$$\int_0^{2\pi} \frac{1}{(a+b\cos\theta)^2}\, d\theta = \frac{2\pi a}{(\sqrt{a^2-b^2})^3}$$

演習 5 $R(z) = 1/z$ に 6.4 節定理 15 を適用し，つぎの式を証明せよ．
$$\int_0^{\infty} \frac{\sin x}{x}\, dx = \frac{\pi}{2}$$

演習 6 $|a| < 1$, $|a_k| < 1$, $(k = 1, 2, \ldots, n)$ のとき方程式
$$\frac{(z-a_1)\cdots(z-a_n)}{(1-\bar{a}_1 z)\cdots(1-\bar{a}_n z)} - a = 0$$
は $|z| < 1$ に n 個の根をもつことを証明せよ $\left(|z| = 1 \text{ のとき } \left|\dfrac{z-a_k}{1-\bar{a}_k z}\right| = 1 \text{ となることを利用せよ}\right)$．

演習 7 $f(z)$ は周期 a の周期関数，すなわち $f(z+a) = f(z)\,(z \in \boldsymbol{C})$，とする．$f(z)$ が定数でないなら $z = \infty$ は $f(z)$ の真性特異点となることを示せ ($z = \infty$ が真性特異点でないとして，矛盾を出す)．

7 等角写像

7.1 等角写像の例

● **正則関数による写像** ● 6.3 節例題 13 で示したように正則関数による写像 $w = f(z)$ は w の近傍をうずめてしまう．この性質より，つぎの定理が示される．

定理 1 $f(z)$ を領域 D で正則で，定数でない関数とすると，写像 $w = f(z)$ による D の像 $f(D)$ は w 平面の領域となる．

● **等角写像** ● 正則関数 $f(z)$ は $f'(z) \neq 0$ となる点で等角性をもつ (2.2 節参照)．領域 D の各点で等角のとき，$f(z)$ は D で等角であるという．

定理 2 （リーマンの写像定理） z 平面の閉曲線で囲まれた領域（単連結な領域）を D とするとき，D を w 平面の単位円の内部 $|w| < 1$ に 1 対 1 に写像し D で等角な正則関数
$$w = f(z)$$
が存在する．

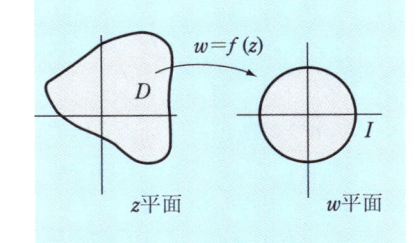

定理 3 z 平面の単位円の内部 $|z| < 1$ を w 平面の単位円の内部 $|w| < 1$ に写像し，そこで 1 対 1 等角な写像はつぎの形の 1 次関数となる．
$$w = c\frac{z - a}{1 - \bar{a}z} \quad (|a| < 1, |c| = 1)$$

● **等角写像の例** ● 2 章と 3 章で扱った初等関数による写像の例をまとめよう．

(1) $w = z^2$ （2.2 節，例題 5 参照）， $w = z^a$ （3.3 節参照）

(2) $w = \dfrac{az + b}{cz + d}$ $(ad \neq bc)$ （2.3 節参照）

(3) $w = z + \dfrac{1}{z}$ （2.2 節，例題 6 参照）

(4) $w = e^z$, $w = \log z$ （3.2, 3.3 節参照）

これらの基本的な写像を合成して，多くの等角写像が得られる．

● **上半平面から多角形への写像** ●　図のように $a_1, a_2, \ldots, a_n$ を z 平面実軸上の点とし，$b_1, b_2, \ldots, b_n$ を w 平面上の n 角形 D の頂点とする．また頂点 b_k での内角を $\alpha_k \pi \, (0 < \alpha_k < 2, \alpha_k \neq 1)$ とする．

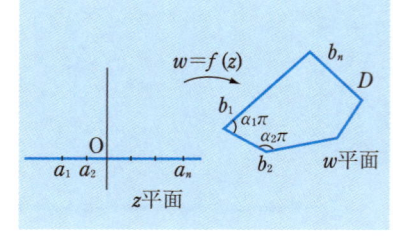

定理 4　つぎの正則関数
$$w = f(z) = C \int_0^z (t-a_1)^{\alpha_1 - 1} \cdots (t-a_n)^{\alpha_n - 1} dt + C'$$
は，定数 C, C' を適当にとると，各点 a_k を b_k に，実軸を多角形 D の周にうつし，さらに上半平面を D の内部に 1 対 1 等角に写像する．

上の関数を**シュヴァルツ・クリストッフェルの関数**という．この式で $(t-a_n)^{\alpha_n - 1}$ を除けば ∞ を b_n へ写像する．また $\alpha_k = 0$ や 2 に対しても，この関数は用いられる．単位円内部を上半平面へうつす 1 次関数と合成すれば，単位円内部を多角形内部へうつす等角写像が得られる．

例 1　（三角形の場合）　正則関数
$$w = f(z) = \int_0^z t^{\alpha - 1}(1-t)^{\beta - 1} dt$$
は z 平面の実軸を w 平面の右図のような三角形の周に，上半平面をその内部へ等角に写像する．

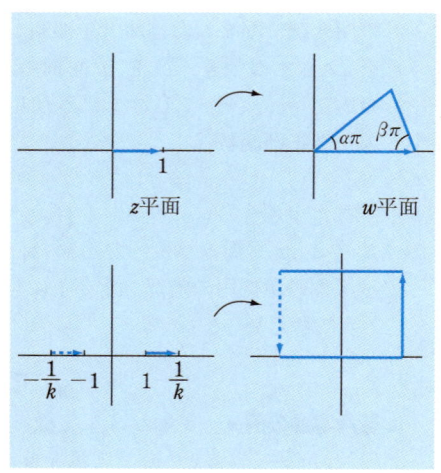

例 2　（長方形の場合）　正則関数
$$w = f(z) = \int_0^z \frac{dt}{\sqrt{(1-t^2)(1-k^2 t^2)}}$$
$$(0 < k < 1)$$
は z 平面の実軸を w 平面の右図のような長方形の周に，上半平面を長方形の内部に等角に写像する．

例 2 で与えられた積分を**母数 k の第一種実楕円積分**という．

例題 1 ─────────────────── 等角写像の例

(1) 写像 $w = \cos z$ は，つぎの 3 つの写像の合成となることを示せ．
$$\zeta = iz, \quad \lambda = e^\zeta, \quad w = \frac{1}{2}\left(\lambda + \frac{1}{\lambda}\right)$$
(2) $w = \cos z$ によって右図の領域 D はどんな領域へうつされるか．

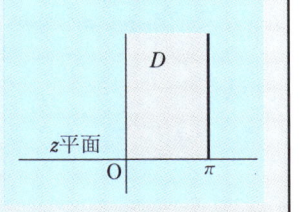

解答 (1) $w = \cos z = \dfrac{1}{2}\left(e^{iz} + e^{-iz}\right)$ より明らかである．

(2) $D = \{z;\ 0 < \operatorname{Re} z < \pi,\ \operatorname{Im} z > 0\}$ は $\zeta = iz$ によって ζ 平面上の領域
$$E = \{\zeta;\ \operatorname{Re}\zeta < 0,\ 0 < \operatorname{Im}\zeta < \pi\}$$
うつされ，$\lambda = e^\zeta$ で E は λ 平面上の単位円の上半部へ (3.2 節参照)，さらに $w = \dfrac{1}{2}\left(\lambda + \dfrac{1}{\lambda}\right)$ によって，w 平面の下半平面 $\{\operatorname{Im} w < 0\}$ へうつされる (2.2 問題 6.1 参照)．

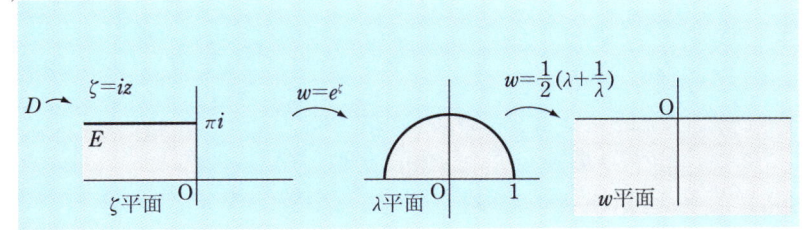

問題

1.1 つぎの写像 $w = f(z)$ によって，与えられた領域 D はどんな領域にうつされるか．
 (1) $w = \sin z, \quad D = \{z;\ |\operatorname{Re} z| < \pi/2,\ \operatorname{Im} z > 0\}$
 (2) $w = \operatorname{Log} \dfrac{z+1}{z-1}, \quad D = \{z;\ \operatorname{Re} z > 0\}$

1.2 つぎの領域を上半平面の上へ写像する関数を求めよ．
 (1) $D = \{z;\ 0 < \operatorname{Re} z < \alpha\}$
 (2) $D = \{z;\ \operatorname{Re} z > 0,\ 0 < \operatorname{Im} z < \alpha\}$

例題 2 ——————— 等角な写像の決定 (1)

z 平面の右図のような扇形領域 D を w 平面上の上半平面 $\operatorname{Im} w > 0$ に 1 対 1 かつ等角な写像：
$$w = f(z)$$
を求めよ．ただし，$a \geq \dfrac{1}{2}$ とする．

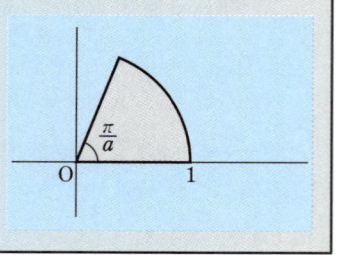

$\zeta = z^a$ (主値) によって，D を単位円の上半部に写像せよ．

[解答] $D = \{z;\ 0 < |z| < 1,\ 0 < \arg z < \pi/a\}$ となる．D の点 z に対して，
$$|\zeta| = |z|^a, \quad \arg \zeta = a \arg z$$
となるから，D は $\zeta = z^a$ によって ζ 平面の単位円の上半部
$$0 < |\zeta| < 1, \quad 0 < \arg \zeta < \pi$$
にうつる．この領域を E とする (右図参照)．

つぎに，ζ の 1 次関数
$$\lambda = g(\zeta) = \frac{1+\zeta}{1-\zeta}$$
によって ζ 平面の領域 E は λ 平面の第 1 象限に写像される．実際，単位円は虚軸へ，また実軸は実軸へうつされ，$g(1) = \infty,\ g(i) = i,\ g(-1) = 0$ と円円対応性より明らかとなる．$w = \lambda^2$ によって，λ 平面の第 1 象限は w 平面の上半平面となるから，求める等角写像は
$$w = \lambda^2 = \left(\frac{1+\zeta}{1-\zeta}\right)^2 = \left(\frac{1+z^a}{1-z^a}\right)^2$$

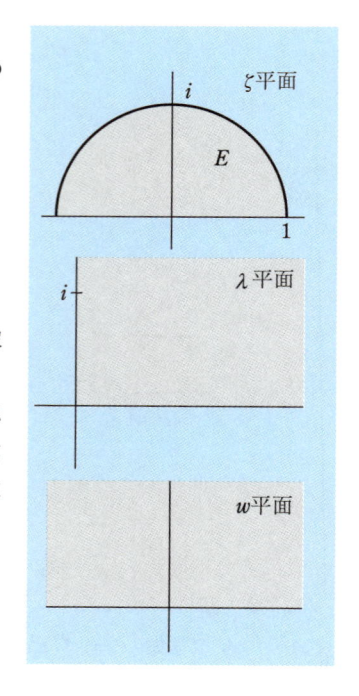

問題

2.1 $z = x + iy$ とおくとき $\operatorname{Im}(z^2) = 2xy$ を用いて，z 平面の右図の領域 D を w 平面の上半平面 $\operatorname{Im} w > 0$ へ等角に写像する正則関数
$$w = f(z)$$
を求めよ．

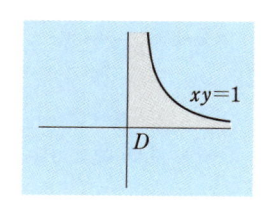

例題 3 ─── 等角な写像の決定 (2)

z 平面の上半平面を，w 平面の右図のような三角形の内部の上にうつす正則関数 $w = f(z)$ を求めよ．ただし
$$f(0) = 0, \quad f(1) = 1$$
とし，$z = \infty$ には $w = i$ が対応するものとする．

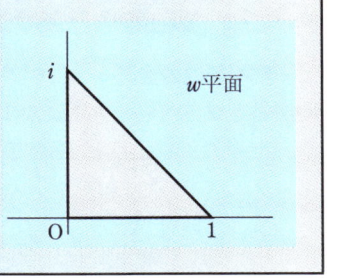

定理 4 とその後の注意において，
$$a_1 = 0, \quad a_2 = 1, \quad a_3 = \infty, \quad \alpha_1 = \frac{1}{2}, \quad \alpha_2 = \frac{1}{4}$$
の場合を考える．上の条件より C, C' を定める．

[解答] $\alpha_1 - 1 = -\dfrac{1}{2}, \alpha_2 - 1 = -\dfrac{3}{4}$ だから，定理 4 とその注意より，シュヴァルツ・クリストッフェルの関数
$$w = f(z) = C \int_0^z t^{-\frac{1}{2}}(t-1)^{-\frac{3}{4}} dt + C'$$
は上半平面を求める三角形と相似な三角形内部に写像する．$f(0) = 0$ より $C' = 0$．また $f(1) = 1$ より
$$1 = f(1) = C \int_0^1 t^{-\frac{1}{2}}(t-1)^{-\frac{3}{4}} dt \qquad \text{①}$$
によって，C を定めるとよい．

[注意] ① より $1 = C \cdot e^{-\frac{3}{4}\pi i} \int_0^1 t^{-\frac{1}{2}} \cdot (1-t)^{-\frac{3}{4}} dt = C \cdot e^{-\frac{3}{4} i \pi} \cdot B\left(\dfrac{1}{2}, \dfrac{1}{4}\right)$ とベータ関数 $B(p,q)$ で表せる．

問題

3.1 z 平面の上半平面を，w 平面の右図のような限りなく拡がった領域 D の内部へ等角に写像する正則関数 $w = f(z)$ を求めよ．ただし
$$f(-1) = -\frac{\pi}{2}, \quad f(1) = \frac{\pi}{2}$$
とする．

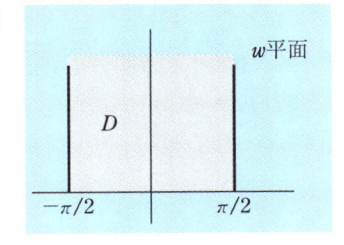

7.2 調和関数と等角写像

●**調和関数の性質**● 2.1 節では調和関数の定義を述べ，正則関数の実部と虚部は調和関数となることを示した．以下ではより詳しい調和関数の性質を述べる．

定理 5 $u(x,y)$ を平面領域 D で調和な関数とする．

(1) $g(z) = \dfrac{\partial u}{\partial x}(x,y) - i\dfrac{\partial u}{\partial y}(x,y)$ は D で正則となる．

(2) D が単連結ならば，$u(x,y)$ に共役な調和関数が存在する．

(3) **(一致の定理)** D に含まれる開集合 $V(\neq \phi)$ の上で $u(x,y) \equiv 0$ ならば D 全体で $u(x,y) \equiv 0$ となる．

(4) **(最大最小値の原理)** $u(x,y)$ が定数でなければ D において最大値も最小値もとらない．

系 閉曲線 C で囲まれた領域 D で調和で $\overline{D} = D \cup C$ で連続な 2 つの関数 $u_1(x,y)$ と $u_2(x,y)$ に対して，C 上で $u_1(x,y) \equiv u_2(x,y)$ ならば，D 全体で $u_1(x,y) \equiv u_2(x,y)$ となる．

●**境界値問題**● xy 平面の領域 D において，その境界 C が区分的に滑らかな曲線であるとする．C 上で関数 $g(x,y)$ が与えられたとき，D で調和で C 上で $g(x,y)$ に等しい関数を求める問題を D における**境界値問題** (ディリクレ問題) という．

C がとくに円 $|z|=R\,(z=x+iy)$ のとき，$g(z)=g(x,y)$ が連続性などの条件をみたせば解はポアソンの積分公式 (5.1 節，定理 9 参照)

$$u(x,y) = u(re^{i\theta}) = \frac{1}{2\pi}\int_0^{2\pi} g(Re^{i\theta})\frac{R^2 - r^2}{R^2 + r^2 - 2Rr\cos(\theta-\varphi)}d\varphi$$

で与えられる．そしてつぎの定理を用い，より複雑な境界をもつ領域での境界値問題の解が求められる．

定理 6 $w = f(z) = u(x,y) + iv(x,y)$ を z 平面の領域 D から w 平面の領域 Δ への等角写像とする．Δ で調和な関数 $h(u,v)$ に対して，

$$H(x,y) = h(u(x,y), v(x,y))$$

で定義される関数 $H(x,y)$ は D で調和である．

以下の例題に示すように，境界値問題の解が正則関数の実部または虚部として容易に求められる場合もある．

7.2 調和関数と等角写像

例題 4 ━━━━━━━━━━━━━━━━━━━━━━━ 調和関数の性質 ━━━

$D(r) = \{(x,y)\,;\,(x-\alpha)^2 + (y-\beta)^2 < r^2\}$ を中心 (α, β), 半径 r の開円板とする. $u(x,y)$ を $D(r)\,(R>0)$ で調和な関数とするとき, つぎの式を示せ.

(1) $u(\alpha,\beta) = \dfrac{1}{2\pi} \displaystyle\int_0^{2\pi} u(\alpha + r\cos\theta,\ \beta + r\sin\theta)\,d\theta \quad (r < R)$

(2) $u(\alpha,\beta) = \dfrac{1}{\pi\rho^2} \displaystyle\iint_{D(\rho)} u(x,y)\,dx\,dy \quad (\rho < R)$

---

(1) D は単連結だから, 共役な調和関数 $v(x,y)$ が定まる (定理 5 (2) より). $f(z) = u(x,y) + iv(x,y)$ に平均値定理 (5.1 節定理 2) を適用する. またこの式はポアソンの積分公式の特別な場合であることを注意する. (2) 面積分の極座標への変数変換を利用する.

[解答] (1) $v(x,y)$ を共役調和関数として, 正則関数 $f(z) = u(x,y) + iv(x,y)$ を得る. $a = \alpha + i\beta$ とし, 平均値の定理より

$$f(a) = \frac{1}{2\pi} \int_0^{2\pi} f(a + re^{i\theta})\,d\theta \quad (r < R)$$

となる. この等式の両辺の実部を比較すれば(1)が成り立つ.

(2) $x = \alpha + r\cos\theta,\ y = \beta + r\sin\theta$ として積分の変数変更をすれば, (1) より

$$\iint_{D(\rho)} u(x,y)\,dx\,dy = \int_0^\rho \left\{ \int_0^{2\pi} u(\alpha + r\cos\theta,\ \beta + r\sin\theta)\,d\theta \right\} r\,dr$$

$$= 2\pi u(\alpha,\beta) \int_0^\rho r\,dr = \pi\rho^2 u(\alpha,\beta)$$

問題

4.1 正則関数 $w = f(z)$ によって z 平面の有界領域 D が w 平面の有界領域 Δ に 1 対 1 にうつされるとき, Δ の面積は $\displaystyle\iint_D |f'(z)|^2 dx\,dy$ となることを示せ (w 平面での Δ の面積は $\displaystyle\iint_\Delta du\,dv$ となることを利用せよ).

4.2 $u(x,y)$ は D で調和な関数とする. このときつぎを証明せよ.

(1) $u(x,y)$ は何回でも微分できる関数である.

(2) $u(x,y)$ の任意階の偏導関数 $\dfrac{\partial^{k+l}}{\partial x^k \partial y^l} u(x,y)$ もまた調和関数となる.

---例題 5---——調和関数の決定―

(1) 上半平面 $y > 0$ において，有界で調和な関数 $h(x,y)$ で境界条件
$$h(x,0) = \begin{cases} 1 & (x < 0) \\ 0 & (x > 0) \end{cases}$$
をみたすものを求めよ．

(2) xy 平面の第1象限 $D = \{(x,y);\ x > 0, y > 0\}$ において，有界な調和関数 $H(x,y)$ で，境界条件
$$H(x,0) = 0 \quad (x > 0), \quad H(0,y) = 2 \quad (y > 0)$$
をみたすものを求めよ．

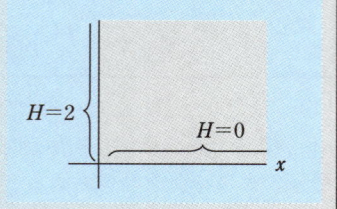

(1) $\mathrm{Log}\, z$ の上半平面での値を考えよ．(2) (1)と定理6を利用する．

解答 (1) $\mathrm{Log}\, z$ は上半平面 $\mathrm{Im}\, z > 0$ で正則で，その虚部 $\mathrm{Arg}\, z = \mathrm{Arg}\,(x+iy)$ は上半平面で調和な関数で，有界である．$x > 0$ のとき $\mathrm{Arg}\, x = 0$，$x < 0$ のとき $\mathrm{Arg}\, x = \pi$ となるから
$$h(x,y) = \frac{1}{\pi}\mathrm{Arg}\,(x+iy) = \frac{1}{\pi}\tan^{-1}\frac{y}{x} \quad \left(0 \le \tan^{-1}\left(\frac{y}{x}\right) < \pi\right)$$
が求める調和関数である．

(2) 写像 $w = z^2$ によって，z 平面の第1象限は w 平面の上半平面にうつされる．$w = u + iv$ とすると境界条件は
$$h(u,0) = \begin{cases} 2 & (u < 0) \\ 0 & (u > 0) \end{cases}$$
に変換される．$\mathrm{Im}\, w = v > 0$ においてこの境界条件をみたす有界な調和関数は(1)より $h(u,v) = \dfrac{2}{\pi}\mathrm{Arg}\,(u+iv)$ となる．これより求める解は
$$H(x,y) = \frac{2}{\pi}\mathrm{Arg}\,(z^2) = \frac{4}{\pi}\mathrm{Arg}\,(z) = \frac{4}{\pi}\tan^{-1}\left(\frac{y}{x}\right), \quad \left(0 \le \tan^{-1}\left(\frac{y}{x}\right) < \frac{\pi}{2}\right)$$

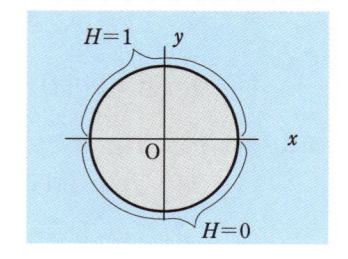

~~~ 問　題 ~~~

5.1 1次変換 $w = i\dfrac{1+z}{1-z}$ を利用し，単位円板 $x^2 + y^2 < 1$ において有界で調和な関数 $H(x,y)$ で，境界条件
$$H(x,y) = \begin{cases} 1 & (x^2+y^2 = 1,\ y > 0) \\ 0 & (x^2+y^2 = 1,\ y < 0) \end{cases}$$
をみたすものを求めよ．

演習問題

演習1 z 平面の右図 (一番上) のような限りなく拡がった角型領域 D を w 平面の単位円の内部 $|w| < 1$ に等角に写像する正則関数
$$w = f(z)$$
を求めよ.

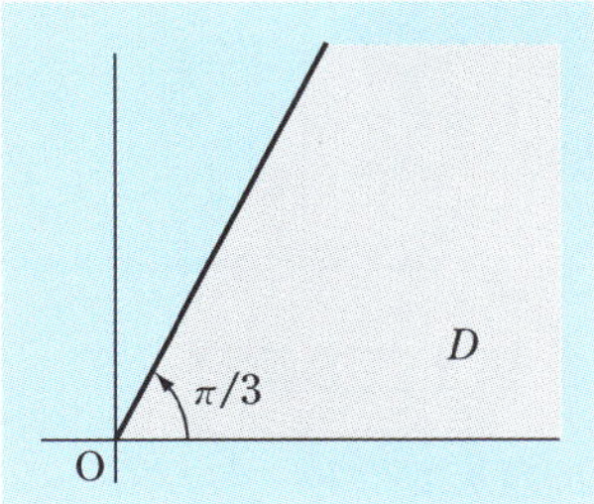

演習2 z 平面の右図 (上から二番目) のような領域 D を w 平面の上半平面 $\mathrm{Im}\, w > 0$ に等角に写像する正則関数
$$w = f(z)$$
を求めよ.

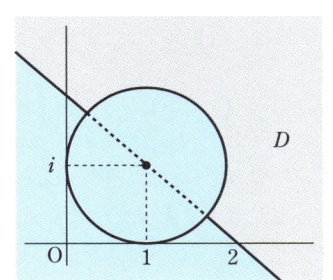

演習3 z 平面の上半面を, w 平面の右図 (下から二番目) のような三角形の内部に写像する正則関数 $w = f(z)$ を求めよ. ただしつぎの条件をみたすとする.
$$f(-1) = -1, \quad f(0) = 1, \quad f(1) = i$$

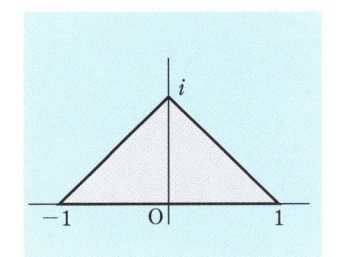

演習4 単位円板 $x^2 + y^2 < 1$ において調和で, つぎの条件をみたす $u(x, y)$ を求めよ.
(1) $u(x, y) = x^2 \quad (x^2 + y^2 = 1)$
(2) $u(x, y) = y^3 \quad (x^2 + y^2 = 1)$
($\mathrm{Re}\, z^2$, $\mathrm{Im}\, z^3$ が調和となることを用いる.)

演習5 $\alpha_1, \alpha_2 \ (\alpha_1 < \alpha_2)$ を実数とする. 上半平面 $y > 0$ で有界かつ調和な関数 $h(x, y)$ でつぎの境界条件をみたすものを求めよ (右図, 一番下).
$$h(x, 0) = \begin{cases} -1 & (x < \alpha_1) \\ 2 & (\alpha_1 < x < \alpha_2) \\ 1 & (\alpha_2 < x) \end{cases}$$

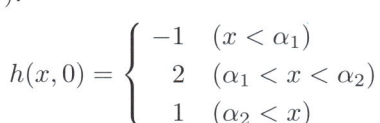

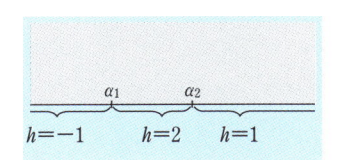

問題解答

第 1 章の解答

問題 1.1 （1） $\dfrac{1-i}{1+i} = \dfrac{(1-i)^2}{(1+i)(1-i)} = \dfrac{1-2i+i^2}{2} = -i$

（2） $\dfrac{2}{1-3i} = \dfrac{2(1+3i)}{(1-3i)(1+3i)} = \dfrac{2(1+3i)}{1-9i^2} = \dfrac{1+3i}{5} = \dfrac{1}{5} + \dfrac{3}{5}i$

（3） $(3+2i)(2-i)(-7+9i) = (8+i)(-7+9i) = -65 + 65i$

問題 1.2 c はこの方程式の根だから $a_n c^n + a_{n-1} c^{n-1} + \cdots + a_1 c + a_0 = 0$. 両辺の共役複素数を作れば定理 1 および $\bar{a}_j = a_j$ より $a_n (\bar{c})^n + a_{n-1} (\bar{c})^{n-1} + \cdots + a_1 \bar{c} + a_0 = 0$. したがって $\bar{c}$ もまた根である.

問題 2.1 （1） $z^3 = 1 = \cos 0 + i \sin 0$ だから $z = \cos\left(\dfrac{2k}{3}\pi\right) + i \sin\left(\dfrac{2k}{3}\pi\right)$ ($k = 0, 1, 2$) となり $z = 1, \dfrac{1}{2}(-1+\sqrt{3}i), \dfrac{1}{2}(-1-\sqrt{3}i)$ となる.

（2） $z^4 = -1 + i = \sqrt{2}\left(\cos\left(\dfrac{3}{4}\pi\right) + i \sin\left(\dfrac{3}{4}\pi\right)\right)$ だから

$$z = \sqrt[8]{2}\left(\cos\left(\dfrac{3+8k\pi}{16}\right) + i \sin\left(\dfrac{3+8k\pi}{16}\right)\right) \quad (k=0,1,2,3,)$$

問題 2.2 （1） $w = \cos\dfrac{2}{3}\pi + i \sin\dfrac{2}{3}\pi = \dfrac{1}{2}(-1+\sqrt{3}i)$, $w^2 = \left(\dfrac{-1+\sqrt{3}i}{2}\right)^2 = \dfrac{-1-\sqrt{3}i}{2}$. これより $w^2 + w = -1$.

（2） ド・モアブルの公式より $w^3 = \cos 2\pi + i \sin 2\pi = 1$. また $w^6 = (w^3)^2 = 1$ となる. これらより $w^6 + w^3 = 2$.

問題 3.1 $|z_1 + z_2|^2 + |z_1 - z_2|^2 = (z_1+z_2)(\bar{z}_1+\bar{z}_2) + (z_1-z_2)(\bar{z}_1-\bar{z}_2)$
$\qquad\qquad\qquad\qquad\qquad\quad = 2z_1\bar{z}_1 + 2z_2\bar{z}_2 = 2(|z_1|^2 + |z_2|^2)$

問題 3.2 $az\bar{z} + \bar{b}z + b\bar{z} + c = a\left(z + \dfrac{b}{a}\right)\left(\bar{z} + \dfrac{\bar{b}}{a}\right) - \dfrac{|b|^2}{a} + c = 0$ より

$$\left|z+\frac{b}{a}\right|^2 = \frac{|b|^2-ac}{a^2} > 0$$

したがって $r = \frac{\sqrt{|b|^2-ac}}{|a|}$ とおくと $r>0$ で $\left|z+\frac{b}{a}\right| = r$ となる．これは中心 $-\frac{b}{a}$, 半径 r の円となる．

問題 3.3 $|a-b|^2 = |a|^2 - \bar{a}b - a\bar{b} + |b|^2$, $|1-\bar{a}b|^2 = 1 - \bar{a}b - a\bar{b} + |a|^2|b|^2$ より，

$$|a-b|^2 - |1-\bar{a}b|^2 = |a|^2 + |b|^2 - 1 - |a|^2|b|^2 = (|a|^2-1)(1-|b|^2) < 0$$

したがって $|a-b| < |1-\bar{a}b|$ となる．

問題 4.1 O, $z_2 - z_1$, $z_3 - z_1$ が正三角形となるから

$$z_3 - z_1 = (z_2 - z_1)\left(\cos\frac{\pi}{3} \pm i\sin\frac{\pi}{3}\right) = (-1+3i)\left(\frac{1}{2} \pm \frac{\sqrt{3}}{2}i\right)$$

$$= -\frac{1}{2} \mp \frac{3\sqrt{3}}{2} + \left(\frac{3}{2} \mp \frac{\sqrt{3}}{2}\right)i$$

これより

$$z_3 = \left(\frac{5}{2} \mp \frac{3\sqrt{3}}{2}\right) + \left(\frac{5}{2} \mp \frac{\sqrt{3}}{2}\right)i$$

問題 5.1 (1) 2直線 z_1z_2, z_3z_4 が平行なら, $\arg(z_1-z_2) - \arg(z_3-z_4) = n\pi$ となる．$(z_1-z_2)/(z_3-z_4) = r(\cos\theta + i\sin\theta)$ とおくと,

$$\theta = \arg(z_1-z_2)/(z_3-z_4) = \arg(z_1-z_2) - \arg(z_3-z_4) = n\pi$$

したがって $\sin\theta = 0$ より $(z_1-z_2)/(z_3-z_4)$ は実数となる．逆も明らかである．

(2) $z_1 - z_2$ に $\cos\frac{\pi}{2} + i\sin\frac{\pi}{2}$ をかけると $i(z_1-z_2)$ は $z_1 - z_2$ を $\pi/2$ だけ回転したベクトルを表す．z_1z_2 と z_3z_4 が直交すれば $i(z_1-z_2)$ と z_3-z_4 は平行なベクトルとなるから，(1)より，$i(z_1-z_2)/(z_3-z_4)$ は実数．したがって $(z_1-z_2)/(z_3-z_4)$ は純虚数となる．逆も成り立つ．

問題 6.1 ド・モアブルの公式より

$$(\cos\theta + i\sin\theta)^3 = \cos^3\theta + 3i\cos^2\theta\sin\theta + 3i^2\cos\theta\sin^2\theta + i^3\sin^3\theta$$

$$= \cos 3\theta + i\sin 3\theta$$

の実部と虚部を比較する．

問題 6.2 $\theta = \frac{2\pi}{n}$ とおく．$\frac{n\theta}{2} = \pi$ となるから $\sin\frac{n\theta}{2} = 0$. 例題 5 より，$\sum_{k=1}^{n}\cos k\theta = 0$ となるが $\cos n\theta = \cos 2\pi = 1$ より

$$\sum_{k=1}^{n-1}\cos\frac{2k\pi}{n} = \sum_{k=1}^{n}\cos k\theta - \cos 2\pi = -1$$

問題 7.1 （1） $\lim_{n\to\infty}\left(1-\dfrac{1}{n}\right)^n = e^{-1}$ より，$z_n \to e + ie^{-1}$ $(n\to\infty)$.

（2） $z_n = \dfrac{1-\cos\dfrac{\pi}{n}}{\dfrac{\pi}{n}} + i\dfrac{\sin\dfrac{\pi}{n}}{\dfrac{\pi}{n}} \to 0 + i = i$ $(n\to\infty)$.

問題 7.2 $\{z_n\}$ の極限値を c とすると，収束の定義で $\varepsilon=1$ ととると，ある番号 N に対して，$|z_n-c|<1$ $(n>N)$. 三角不等式より $|z_n| \leqq |z_n-c|+|c| < 1+|c|$. したがって $M = \max(|z_1|,\ldots,|z_N|, 1+|c|)$ とすると
$$|z_n| \leqq M \quad (n=1,2,\ldots)$$

問題 7.3 （1） $|\bar{z}_n - \bar{c}| = |\overline{z_n-c}| = |z_n - c| \to 0$ $(n\to\infty)$.

（2） $||z_n|-|c|| \leqq |z_n-c| \to 0$ $(n\to\infty)$.

問題 8.1 $S_n = c + c^2 + \cdots + c^n = \dfrac{c(1-c^n)}{1-c}$ と書くと，$|c|<1$ より $c^n \to 0$ $(n\to\infty)$ だから $S_n \to \dfrac{c}{1-c}$ となり，これより $\displaystyle\sum_{n=1}^{\infty} c^n = \dfrac{c}{1-c}$ となる.

問題 8.2 （1） $\left|\dfrac{\cos n + i\sin n}{n^2}\right| = \dfrac{1}{n^2}$ より $\displaystyle\sum_{n=1}^{\infty}\dfrac{1}{n^2}$ は収束するから，定理 10 より収束する.

（2） $\dfrac{1}{n+i}$ の実部のつくる級数 $\displaystyle\sum_{n=0}^{\infty}\dfrac{n}{n^2+1}$ が発散することよりわかる.

（3） $|(-1)^{n-1}ni| = n \to \infty$ $(n\to\infty)$ より定理 9 から発散する.

問題 8.3 部分和 $S_n = \displaystyle\sum_{k=1}^{n}\left\{\dfrac{1}{k(k+1)} + \dfrac{i}{(k+1)(k+2)}\right\}$
$$= \sum_{k=1}^{n}\left\{\dfrac{1}{k} - \dfrac{1}{k+1} + i\left(\dfrac{1}{k+1} - \dfrac{1}{k+2}\right)\right\}$$
$$= 1 - \dfrac{1}{n+1} + i\left(\dfrac{1}{2} - \dfrac{1}{n+2}\right)$$

これより，$\lim_{n\to\infty} S_n = 1 + \dfrac{i}{2}$ となるから，求める和は $1 + \dfrac{i}{2}$ となる.

問題 9.1 $z_n = nc^{n-1}$ とおくと，$\lim_{n\to\infty}\left|\dfrac{z_{n+1}}{z_n}\right| = \lim_{n\to\infty}\dfrac{n+1}{n}|c| = |c|$.

これより定理 10 から $|c|<1$ で絶対収束する．$|c| \geqq 1$ のとき，$|z_n| \geqq n$ より $\lim_{n\to\infty} z_n = 0$ とならず，定理 7 より発散する.

問題 9.2 $z_n = \left(\dfrac{1}{2} + \dfrac{i}{n}\right)^n$ とおくと $\sqrt[n]{|z_n|} = \left|\dfrac{1}{2} + \dfrac{i}{n}\right| \to \dfrac{1}{2}$ $(n\to\infty)$ となる．例題 9 のコーシーの判定法よりこの級数は収束する.

問題 9.3 $z = r(\cos\theta + i\sin\theta)$ とおく. $|z| = r < 1$ より $\sum_{n=0}^{\infty} z^n = \frac{1}{1-z}$. 一方ド・モアブルの公式より $\sum_{n=0}^{\infty} z^n = \sum_{n=0}^{\infty} r^n(\cos n\theta + i\sin n\theta)$ となる.

$$\frac{1}{1-z} = \frac{1-\bar{z}}{|1-z|^2} = \frac{1-r\cos\theta + i r\sin\theta}{(1-r\cos\theta)^2 + r^2\sin^2\theta} = \frac{1-r\cos\theta + i r\sin\theta}{1-2r\cos\theta + r^2}$$

より,実部と虚部をくらべればよい.

問題 10.1 $z = x + iy$ とおく (右図参照).

(1) $(x-2)^2 + y^2 \leq x^2 + y^2$ より $-4x + 4 \leq 0$. これより $x \geq 1$ となる半平面だから,弧状連結な閉集合となる (右図一番上).

(2) 点 $(-1, 0)$ と $(1, 0)$ からの距離の和が 3 以下となる点の全体だから楕円の内部

$$\frac{x^2}{(3/2)^2} + \frac{y^2}{(\sqrt{5}/2)^2} < 1$$

となり有界な開集合で弧状連結となる (右図真ん中).

(3) $\mathrm{Re}\, z^2 = (z^2) = x^2 - y^2 > 1$ より放物線の外側となり,弧状連結でも有界でもない開集合となる (右図一番下).

問題 10.2 $z = x + iy$ とおくと,$x = t, y = \sqrt{1-t^2}$ $(-1 \leq t \leq 1)$. これらから t を消去すると $x^2 + y^2 = 1$, $y \geq 0$ となり,単位円の上半分となる.

問題 10.3 D は上半平面から $\{i\}$ をのぞいた集合となる. D の点 z_0 に対し $\mathrm{Im}\, z_0 > \varepsilon > 0$, $|z_0 - i| > \varepsilon > 0$ となる ε をとると $U_\varepsilon(z_0) = \{z;\ |z - z_0| < \varepsilon\}$ は D に入る.したがって D は開集合となる. D 内の 2 点は明らかに連続な曲線で結べるから弧状連結となり,D は領域となる (右下図).

問題 10.4 D 内の閉曲線 $C : z = z(t)$ $(a \leq t \leq b)$ に対し,$c \in D$ を定め $0 \leq s \leq 1$ として $z_s(t) = (1-s)z(t) + sc$ $(a \leq t \leq b)$ とすると $z = z_s(t)$ は D 内の閉曲線で $s = 0$ のときは閉曲線 C, s が増大すれば連続的に閉曲線が変化し,$s = 1$ で 1 点 c となる.

問題 11.1 $|z-1|^2 = |z+1|^2$ を計算して,$z + \bar{z} = 2\,\mathrm{Re}\, z = 0$ を得る.したがって z は虚軸上を動く.

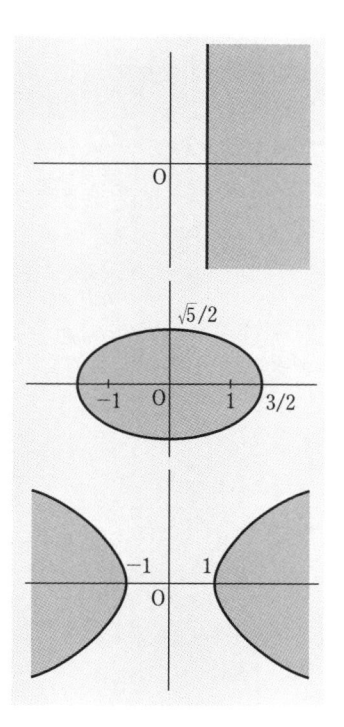

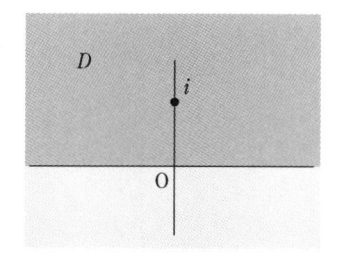

問題 11.2 $w = 1 + \dfrac{1}{z}$ より $|w-1| = \left|\dfrac{1}{z}\right|$ となり，$|z|=1$ より $|w-1|=1$ を得る．これは中心 1，半径 1 の右図のような円を描く．

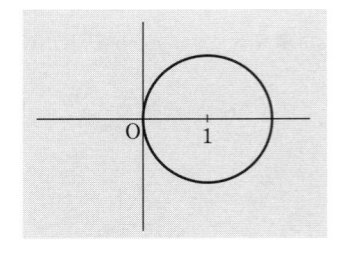

問題 12.1 平面上の円または直線の方程式は，つぎのように表される．
$$a(x^2+y^2)+bx+cy+d=0 \quad (a,b,c,d \text{ は実数})$$
④式を代入して整理すると $b\xi + c\eta + (a-d)\zeta + d = 0$．これは空間における平面の方程式だから，この平面と球面②式との交わりである円が対応する．

問題 13.1 （1） $z^2 = (x+iy)^2 = x^2 - y^2 + 2ixy$, $\bar{z} = x - iy$ だから，
$$w = (x^2-y^2-x) + i(2xy+y) = (x^2-y^2+2ixy)-(x-iy) = z^2 - \bar{z}$$
（2） $z\bar{z} = |z|^2 = x^2+y^2$, $z+\bar{z} = 2x$, $z-\bar{z} = 2iy$. だから
$$w = \frac{4y}{x^2+y^2+2ix} = \frac{-2i(z-\bar{z})}{z\bar{z}+i(z+\bar{z})}$$

問題 13.2 z は $|z-1|=1$ を動くから，$z = -i(w-2)$ より
$$|-i(w-2)-1| = |w-(2+i)| = 1$$
となる，これは中心 $2+i$，半径 1 の円を表す．

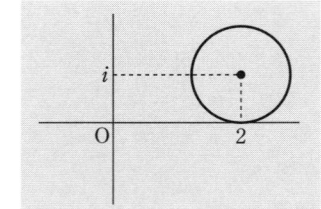

問題 14.1 （1） $\displaystyle\lim_{z \to i} \frac{z-1}{z+1} = \frac{i-1}{i+1} = \frac{-(1-i)^2}{2} = i$

（2） $\displaystyle\lim_{z \to 2i} \frac{3z(z-2i)}{z^2+4} = \lim_{z \to 2i} \frac{3z(z-2i)}{(z+2i)(z-2i)} = \frac{3 \cdot 2i}{4i} = \frac{3}{2}$

（3） $\displaystyle\lim_{z \to i} \frac{z^2+(1-i)z-i}{z^2+1} = \lim_{z \to i} \frac{z(z-i)+(z-i)}{(z-i)(z+i)} = \lim_{z \to i} \frac{z+1}{z+i} = \frac{i+1}{2i} = \frac{1-i}{2}$

問題 14.2 $|f(z)-f(z_0)| \to 0 \ (z \to z_0)$ より，つぎの不等式を用いて明らかとなる．
$$|\operatorname{Re} f(z) - \operatorname{Re} f(z_0)| \leq |f(z)-f(z_0)|, \quad ||f(z)|-|f(z_0)|| \leq |f(z)-f(z_0)|$$

問題 14.3 （1） z を実軸上にとると，$\operatorname{Re} z = z = x$ より，$f(z) = \operatorname{Re} z / z = x/x = 1$. $\lim f(z) = 1 \neq 0 = f(0)$. したがって $z=0$ で不連続．

（2） $f(0)=0$ より $|f(z)| \leq |\operatorname{Re} z| \to 0 \ (z \to 0)$ から $z=0$ で連続となる．

（3） $|f(z)-f(0)| = \left|\dfrac{z^2}{\bar{z}}\right| = |z| \to 0 \ (z \to 0)$ より $z=0$ で連続となる．

問題 14.4 （必要性）任意の $\varepsilon > 0$ に対し，$\delta > 0$ が存在して $f(U_\delta(z_0)) \subset U_\varepsilon(f(z_0))$ となる．$z_n \to z_0$ よりある番号 N に対して，$n \geq N$ のとき，$z_n \in U_\delta(z_0)$ となるから，$f(z_n) \in U_\varepsilon(f(z_0))$．これより $f(z_n) \to f(z_0) \ (n \to \infty)$．

（十分性）$z \to z_0$ のとき $f(z) \to f(z_0)$ でないとすると，ある $\varepsilon > 0$ と z_0 に収束する数列 $\{z_n\}$ が定まり $|f(z_n)-f(z_0)| \geq \varepsilon$ となり不合理となる．

第 1 章演習問題

演習 1 （1） $|z-a|$ は 2 点 z と a の距離だから方程式 $|z+1|+|z-1|=4$ は焦点が ± 1 となる楕円となり，右図 (a) となる．

（2） $z=x+iy$ とおくと，$x=\cos\theta$, $y=2\sin\theta$ だから
$$x^2+\left(\frac{y}{2}\right)^2=1$$
となる．$0\leqq\theta\leqq\pi$ より $y\geqq 0$ だから求める曲線は右図 (b) となる．

演習 2
$$2i\operatorname{Im}\left(\frac{z-i}{z+i}\right)=\frac{z-i}{z+i}-\overline{\left(\frac{z-i}{z+i}\right)}$$
$$=\frac{z-i}{z+i}-\frac{\bar{z}+i}{\bar{z}-i}$$
$$=\frac{(z-i)(\bar{z}-i)-(z+i)(\bar{z}+i)}{(z+i)(\bar{z}-i)}=\frac{-2i(z+\bar{z})}{|z+i|^2}$$

したがって $z+\bar{z}=2\operatorname{Re} z$ から $\operatorname{Im}\left(\frac{z-i}{z+i}\right)=-\frac{z+\bar{z}}{|z+i|^2}=-\frac{2\operatorname{Re} z}{|z+i|^2}$.

演習 3 $\triangle \mathrm{O}\, z_0 z$ と $\triangle \mathrm{O}\, z_0 z^*$ は互いに相似となる．線分 $\mathrm{O} z_0$ の長さ $|\mathrm{O} z_0|$ は r より
$$|\mathrm{O} z_0|:|\mathrm{O} z^*|=|\mathrm{O} z|:|\mathrm{O} z_0|$$
の比の値を求めると $|z^*|\cdot|z|=r^2$ となる．

演習 4 $z_n=\dfrac{1}{1+c^n}$ とおくと，$|c|>1$ のとき，
$$\left|\frac{z_{n+1}}{z_n}\right|=\left|\frac{1+c^n}{1+c^{n+1}}\right|=\left|\frac{c^{-n}+1}{c^{-n}+c}\right|\to\frac{1}{|c|}\quad(n\to\infty)$$
したがってダランベールの判定法より絶対収束する．$|c|\leqq 1$ のとき
$$|z_n|=\left|\frac{1}{1+c^n}\right|\geqq\frac{1}{1+|c|^n}\geqq\frac{1}{2}$$
より $\lim\limits_{n\to\infty} z_n=0$ とならないから定理 7 より発散する．

演習 5 （1） $S_n=\sum_{k=1}^{n} w_k$ とおくと，$n=0$ のとき，つぎの式より成り立つ．
$$S_0=w_0=\frac{z}{1-z^2}=\frac{z-z^2}{(1-z^2)(1-z)}$$
n のとき成り立つと仮定して，$c=z^{2^{n+1}}$ とおくと，
$$S_n=\frac{z-c}{(1-c)(1-z)},\quad w_{n+1}=\frac{z^{2^{n+1}}}{1-z^{2^{n+2}}}=\frac{c}{1-c^2}$$

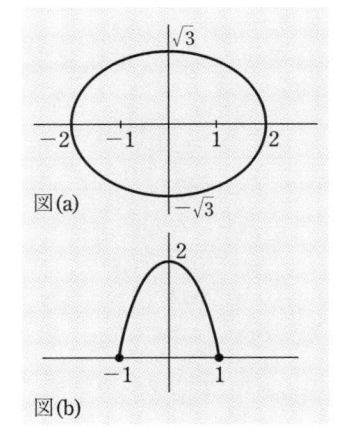

これより

$$S_{n+1} = S_n + w_{n+1} = \frac{z-c}{(1-c)(1-z)} + \frac{c}{1-c^2}$$

$$= \frac{(z-c)(1+c) + c(1-z)}{(1-c^2)(1-z)} = \frac{z-c^2}{(1-c^2)(1-z)} = \frac{z-z^{2^{n+2}}}{(1-z^{2^{n+2}})(1-z)}$$

より $n+1$ のときも成り立つ.

(2) $|z| < 1$ のとき, $z^{2^{n+1}} \to 0$ より $S_n \to \dfrac{z}{1-z}$. また $|z| > 1$ のとき $z^{-2^{n+1}} \to 0$ より $S_n \to \dfrac{1}{1-z}$.

演習 6 右図のように $\left(\dfrac{1}{n}, 0\right), \left(\dfrac{1}{n}, \dfrac{1}{n}\right), \left(\dfrac{1}{n+1}, 0\right)$ を結ぶ三角形の 2 辺をくり返して得られる折れ線で囲まれる領域を考えるとよい.

$\displaystyle\sum_{n=1}^{\infty} \dfrac{1}{n} = \infty$ より, この折れ線の長さは ∞ となる.

演習 7 (1) $f(\theta) = \sin\theta$ のグラフは $\left[0, \dfrac{\pi}{2}\right]$ で上に凸より直線 $\dfrac{2}{\pi}\theta$ の上にある (右図参照).

(2) 条件より $|\mathrm{Arg}\, z - \mathrm{Arg}\, w| \leqq \pi$ となり (1) の不等式を用いると

$$|z - w| = 2\sin\left(\frac{1}{2}|\mathrm{Arg}\, z - \mathrm{Arg}\, w|\right)$$

$$\geqq 2 \cdot \frac{2}{\pi} \cdot \frac{1}{2} |\mathrm{Arg}\, z - \mathrm{Arg}\, w|$$

となる. したがって $|\mathrm{Arg}\, z - \mathrm{Arg}\, w| \leqq \dfrac{\pi}{2}|z - w|$.

(3) (2) は w, z がともに下半円に入っているときも成り立つから $\mathrm{Arg}\, z$ は単位円より -1 を除いた集合 $\{|z|=1\}\setminus\{-1\}$ で連続となる. $f(z) = z/|z|$ は $\boldsymbol{C}\setminus\{0\}$ で連続だから, 合成関数

$$\mathrm{Arg}\, z = \mathrm{Arg}\,(f(z)), \quad z \in \boldsymbol{C}\setminus\{x \in R; x \leqq 0\}$$

は連続となる.

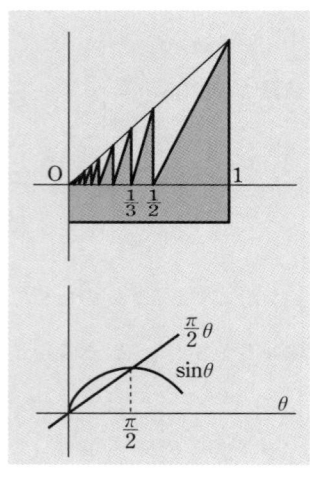

第 2 章の解答

問題 1.1 （1） $\{(z^2+iz+3)^2\}' = 2(z^2+iz+3)(2z+i)$

（2） $u = 3x+y, v = 3y-x$ より $u_x = 3, u_y = 1, v_x = -1, v_y = 3$ よりコーシー・リーマンの関係式をみたす．したがって $f = u+iv$ は正則で，$f' = u_x + iv_x$ より $3-i$．

（3） $u = \sin x \cosh y, v = \cos x \sinh y$ とおくと，
$$u_x = \cos x \cosh y, \quad u_y = \sin x \sinh y$$
$$v_x = -\sin x \sinh y, \quad v_y = \cos x \cosh y$$
これらは C 全体で連続でコーシー・リーマンの関係式をみたす．よって $f = u+iv$ は正則で
$$f' = u_x + iv_x = \cos x \cosh y - i \sin x \sinh y$$

問題 1.2 $f(z) = u(x,y) + iv(x,y)$ とすると $f' = u_x + iv_x = v_y - iu_y = 0$．したがって $u_x = u_y = 0, v_x = v_y = 0$ となる．u,v に 2 変数実数関数の平均値の定理を適用すると D の各点の近傍で定数となることがわかる．D は領域だから全体で一つの定数となる．

問題 2.1 求める正則関数を $f(z) = u(x,y) + iv(x,y)$ とする．仮定より $v = \cos x \sinh y$．コーシー・リーマンの関係式 $u_x = v_y, u_y = -v_x$ より $u_x = \cos x \cosh y, u_y = \sin x \sinh y$．前の式を x で積分すると
$$u = \int \cos x \cosh y \, dx + \varphi(y) = \sin x \cosh y + \varphi(y)$$
ここで $\varphi(y)$ は y の関数となる．この式を y で微分すると $u_y = \sin x \sinh y + \varphi'(y)$ より $\varphi'(y) = 0$．したがって $\varphi(y) = C$ （定数）だから $u = \sin x \cosh y + C$．求める関数は
$$f = \sin x \cosh y + C + i \cos x \sinh y$$

問題 2.2 $p = u_y - v_x, q = u_x + v_y$ とおくと．このとき
$$p_x = u_{yx} - v_{xx}, \quad p_y = u_{yy} - v_{xy},$$
$$q_x = u_{xx} + v_{yx}, \quad q_y = u_{xy} + v_{yy}$$
$\Delta u = u_{xx} + u_{yy} = 0, \Delta v = v_{xx} + v_{yy} = 0$ となり，また $u_{xy} = u_{yx}, v_{xy} = v_{yx}$ となるので $p_x = q_y, p_y = -q_x$．ゆえに $f = p+iq$ は正則関数となる．

問題 3.1 $f(z) = u(x,y) + iv(x,y)$ とおくと，$h = |f|^2 = u^2 + v^2$ となる．$h_x = 2(uu_x + vv_x)$ より $h_{xx} = 2(u_x^2 + uu_{xx} + v_x^2 + vv_{xx})$．同様にして $h_{yy} = 2(u_y^2 + uu_{yy} + v_y^2 + vv_{yy})$．$u,v$ は調和関数より $\Delta u = 0, \Delta v = 0$ となり，$\Delta h = 2(u_x^2 + u_y^2 + v_x^2 + v_y^2)$．一方 $|f'(z)|^2 = |u_x + iv_x|^2 = u_x^2 + v_x^2 = v_y^2 + u_y^2$ となるから $\Delta h = 4|f'(z)|^2$．

問題 3.2 $(1+i)h = (u-v) + i(u+v)$ 正則関数となる．$U = u-v, V = u+v = (x-y)(x^2+4xy+y^2)$ として U,V を求める．$U_x = V_y = 3x^2 - 6xy - 3y^2$ より

$U = x^3 - 3x^2y - 3xy^2 + \varphi(y)$. これを $U_y = -V_x = -3x^2 - 6xy + 3y^2$ に代入して $\varphi'(y) = 3y^2$ となり $\varphi(y) = y^3 + 2C$ (C は定数).

$$u = (U+V)/2 = x^3 - 3xy^2 + C$$
$$v = (V-U)/2 = 3x^2y - y^3 - C$$

となり, $h(z) = u + iv = z^3 + C(1-i)$ となる.

問題 4.1　$z = r(\cos\theta + i\sin\theta)$ とおくと, $u = \log r$, $v = \theta$ より

$$\frac{\partial u}{\partial r} = \frac{1}{r}, \quad \frac{\partial u}{\partial \theta} = 0, \quad \frac{\partial v}{\partial r} = 0, \quad \frac{\partial v}{\partial \theta} = 1$$

これらの偏導関数は D で連続で極座標によるコーシー・リーマンの関係式 (例題 4 参照) をみたす. よって D で正則となる.

$$u_x = \cos\theta\, u_r - \frac{\sin\theta}{r} u_\theta, \quad v_x = \cos\theta\, v_r - \frac{\sin\theta}{r} v_\theta$$

となるから.

$$f'(z) = u_x + iv_x = \left(\cos\theta u_r - \frac{\sin\theta}{r} u_\theta\right) + i\left(\cos\theta v_r - \frac{\sin\theta}{r} v_\theta\right)$$
$$= \frac{\cos\theta - i\sin\theta}{r} = \frac{1}{r(\cos\theta + i\sin\theta)} = \frac{1}{z}$$

問題 5.1　例題 5 と同様に, $w = u + iv$ とすると $u = x^2 - y^2$, $v = 2xy$. 実軸は $y = 0$ より $u = x^2$, $v = 0$. よって右図 (1) の像を描く. 虚軸は $x = 0$ より $u = -y^2$, $v = 0$. したがって右図 (2) の像を描く.

問題 5.2　z 平面の O と 1 を結ぶ線分を l, O と i を結ぶ線分を m とすると l と m の交角は $\dfrac{\pi}{2}$ となる. l は $0 \leq x \leq 1$, $y = 0$, m は $x = 0$, $0 \leq y \leq 1$ と表せるから問題 5.1 と同様に l の像 l' は O と 1 を結ぶ線分. m の像 m' は O と -1 を結ぶ線分で交角は π となる. したがって $w = z^2$ は $z = 0$ で等角性をもたない.

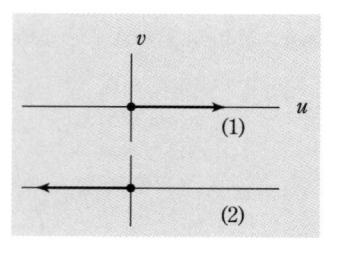

問題 6.1　$z = r(\cos\theta + i\sin\theta)$ とおくと, 与えられた領域の点は $0 < r < 1$, $0 < \theta < \pi$ をみたす. したがって $\mathrm{Im}\, w = \mathrm{Im}\left(z + \dfrac{1}{z}\right) = \left(r - \dfrac{1}{r}\right)\sin\theta < 0$.

問題 6.2　$z = r(\cos\theta + i\sin\theta)$, $w = z - \dfrac{1}{z} = u + iv$ とおくと, $u = (r - r^{-1})\cos\theta$, $v = (r + r^{-1})\sin\theta$. したがって

$$\begin{cases} r \neq 1 \text{ のとき} & \left(\dfrac{u}{r - r^{-1}}\right)^2 + \left(\dfrac{v}{r + r^{-1}}\right)^2 = 1 \quad (\text{焦点} \pm 2i \text{ の楕円}) \\ r = 1 \text{ のとき} & u = 0, \quad v = 2\sin\theta \quad (2i, -2i \text{ を結ぶ線分}) \end{cases}$$

第 2 章の解答

問題 7.1 例題 7 と同様に $\dfrac{0-3}{0-z} \cdot \dfrac{1-3}{1-z} = \dfrac{-1-1/2}{-1-w} \cdot \dfrac{0-1/2}{0-w}$. これらの比の値を求めて $w = \dfrac{z-1}{z+1}$ となる.

問題 7.2 $w = 1/z$ より $w = u + iv$ とすると $z = 1/w$ から
$$x = \frac{u}{u^2+v^2}, \quad y = \frac{-v}{u^2+v^2}$$
$x > 1$ のとき $u^2 + v^2 < u$ より $(u-1/2)^2 + v^2 < (1/2)^2$. また $y > 0$ のとき $v < 0$ より領域 D は $|w - 1/2| < 1/2$ かつ $\operatorname{Im} w < 0$ の部分へ写像される. $x + y = 1$ とすると $u^2 + v^2 = u - v$ となる. したがって円 $(u-1/2)^2 + (v+1/2)^2 = \left(1/\sqrt{2}\right)^2$ にうつる.

問題 7.3 (1) z を不動点とすれば, $\dfrac{z-1}{z+1} = z$ より, $z^2 = -1$. したがって $z = \pm i$.

(2) 求める 1 次関数を $w = (az+b)/(cz+d)$ とする. $-1, 1$ が不動点だから $\dfrac{-a+b}{-c+d} = -1$, $\dfrac{a+b}{c+d} = 1$ これより $a = d$, $b = c$ となり $w = \dfrac{az+b}{bz+a}$ が求める 1 次関数となる.

問題 8.1 $\alpha, \beta, \gamma, \delta$ は実数より
$$\bar{w} = \overline{\left(\frac{\alpha z + \beta}{\gamma z + \delta}\right)} = \frac{\alpha \bar{z} + \beta}{\gamma \bar{z} + \delta}, \quad w - \bar{w} = \frac{(\alpha\delta - \beta\gamma)(z - \bar{z})}{|\gamma z + \delta|^2}$$

となる. これより $\operatorname{Im} w = \dfrac{\alpha\delta - \beta\gamma}{|\gamma z + \delta|^2} \operatorname{Im} z$ となり実軸は実軸へうつる. また $\operatorname{Im} z > 0$ のとき $\operatorname{Im} w > 0$ となり上半平面は上半平面へうつる.

問題 8.2 単位円を単位円にうつす 1 次関数は 2.3 節より
$$w = p\frac{z-q}{1-\bar{q}z} \quad (|p| = 1, |q| \neq 1)$$

の形をしている. $z = q$ のとき $w = 0$ だから(2)より $q = 1/2$ となる. したがって $w = p\dfrac{2z-1}{2-z}$ となり, $z = 3$ のとき $w = -5$ から $p = 1$ を得る. 求める 1 次関数は $w = \dfrac{2z-1}{2-z}$.

問題 9.1 $w = \dfrac{az+b}{cz+d}$ $(ad-bc \neq 0)$ の逆関数は $z = \dfrac{-dw+b}{cw-a}$ となる. 条件(1)より w 平面の実軸を z 平面の単位円に写像するから, 2.3 節および例題 9 より, 一般に $z = p\dfrac{w-q}{w-\bar{q}}$ の形をしている. 条件(2)より $z = 0, i$ となるのは $w = -i, 0$ のときから, $q = -i, p = -i$ となり $z = -i\dfrac{w+i}{w-i}$ つまり $w = \dfrac{iz+1}{z+i}$.

第 2 章演習問題

演習 1 (1) $z = x + iy$ とすると, $f(z) = \bar{z} = x - iy$ となる. $u = x, v = -y$ とおく

と $u_x = 1, u_y = 0, v_x = 0, v_y = -1$, したがって $u_x \neq v_y$ だからコーシー・リーマンの関係式が成り立たず，$f = u + iv$ はすべての点で正則ではない．

(2) $u = x^2, v = y^2$ より $u_x = 2x, u_y = 0, v_x = 0, v_y = 2y$ となる．ゆえにコーシー・リーマンの関係式 $u_x = v_y, u_y = -v_x$ をみたす点 z は，直線 $x = y$ 上の点だけとなり，$f = u + iv$ はすべての点で正則ではない．

演習 2 直接微分の定義を調べると

$$\frac{g(z) - g(\bar{z}_0)}{z - \bar{z}_0} = \frac{\overline{f(\bar{z})} - \overline{f(z_0)}}{z - \bar{z}_0} = \overline{\left(\frac{f(\bar{z}) - f(z_0)}{\bar{z} - z_0}\right)} \to \overline{f'(z_0)} \quad (z \to \bar{z}_0)$$

したがって g は $z = \bar{z}_0$ で微分可能で $g'(\bar{z}_0) = \overline{f'(z_0)}$ となる．

演習 3 (1) $f = u + iv$ とおくと $u = \operatorname{Re} f = C$ (C は定数) となる．これより $u_x = u_y = 0$．コーシー・リーマンの関係式より，$v_x = v_y = 0$．v に 2 変数の平均値の定理を適用すると，v も各点の近傍で定数となる．D は領域より v は D 全体で定数となり，f は定数となる．

(2) $f = u + iv$ とおくと $\bar{f} = u - iv$．$i(f + \bar{f}) = 2iu$ は仮定より正則で実部 $= 0$ (定数) となる．したがって u も定数，v も定数となることが (1) より示される．

演習 4 $u(x, y) = ax^3 + bx^2 y + 3xy^2 + y^3$ より

$$u_x = 3ax^2 + 2bxy + 3y^2, \quad u_y = bx^2 + 6xy + 3y^2$$

となるから

$$\Delta u = u_{xx} + u_{yy} = 6(a+1)x + 2(b+3)y \equiv 0$$

をみたすように a, b を定めるとよい．$a + 1 = 0, b + 3 = 0$ より，$a = -1, b = -3$ である．

演習 5 $f = u + iv$ とすると $h = |f|^2 = u^2 + v^2$ となる．コーシー・リーマンの関係式より，$h_x = 2(uu_x + vv_x)$，$h_y = 2(uu_y + vv_y) = 2(-uv_x + vu_x)$ となり

$$(h_x)^2 + (h_y)^2 = 4\{u^2(u_x^2 + v_x^2) + v^2(v_x^2 + u_x^2)\}$$
$$= 4(u^2 + v^2)(u_x^2 + v_x^2) = 4h|f'(z)|^2 = h\Delta h$$

演習 6 (1) $f(z) = \dfrac{1}{z}$ より，$f'(z) = -\dfrac{1}{z^2}$ となる．$f'(1+i) = -\dfrac{1}{(1+i)^2} = \dfrac{i}{2}$，したがって

$$\text{拡大係数} = \left|\frac{i}{2}\right| = \frac{1}{2}, \quad \text{回転角} = \arg\left(\frac{i}{2}\right) = \frac{\pi}{2}$$

(2) 条件より，求める点 z_0 において，$|f'(z_0)| > 2, \arg(f'(z_0)) = \dfrac{\pi}{2}$ だから $f'(z_0) = -\dfrac{1}{z_0^2} = ri \quad (r > 2)$，したがって $z_0^2 = -\dfrac{1}{ri} = \dfrac{i}{r}$．これより

$$0 < |z_0| < \frac{1}{\sqrt{2}}, \quad \arg z_0 = \frac{\pi}{4} + n\pi \quad (n \text{ は整数})$$

これを図示すると右図となる．

演習 7 $|z| = r$ を $\zeta = \dfrac{z}{r}$ で ζ 平面の単位円へうつす．ζ 平面の単位円を λ 平面の単位円にうつす 1 次関数は 2.3 節より

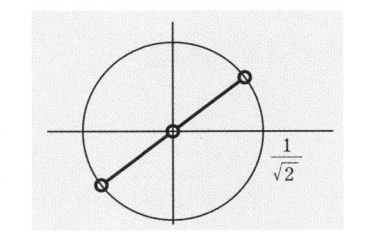

$$\lambda = p\frac{\zeta - q}{1 - \bar{q}\zeta} \quad (|p| = 1, |q| \neq 1)$$

の形をしている．さらに $w = \lambda + \beta$ という平行移動と合成して

$$w - \beta = p\frac{z/r - q}{1 - \bar{q}z/r}$$

よって

$$w = p\frac{z - qr}{r - \bar{q}z} + \beta \quad (|p| = 1, |q| \neq 1)$$

演習 8 $z = e^{i\theta} \quad (0 \leqq \theta \leqq 2\pi)$ とおくと

$$w = (2 + i) + (3 + 4i)e^{-i\theta}, \quad |3 + 4i| = \sqrt{9 + 16} = 5$$

より w は中心 $2 + i$，半径 5 の円周を負の向きに一周する．

第3章の解答

問題 1.1 （1） $a_n = \dfrac{n!}{n^n}$ とおくと，

$$\left|\frac{a_{n+1}}{a_n}\right| = \frac{(n+1)!n^n}{n!(n+1)^{n+1}} = \left(\frac{n}{n+1}\right)^n = \frac{1}{\left(1+\dfrac{1}{n}\right)^n} \to \frac{1}{e} \quad (n \to \infty)$$

したがって収束半径 $r = e$．

（2） $a_n = \dfrac{(1+i)^n}{n^2}$ とおくと，

$$\left|\frac{a_{n+1}}{a_n}\right| = \left|\frac{(1+i)n^2}{(n+1)^2}\right| = \frac{|1+i|}{\left(1+\dfrac{1}{n}\right)^2} \to \sqrt{2} \quad (n \to \infty)$$

したがって収束半径 $r = 1/\sqrt{2}$．

（3） $a_n = \dfrac{p(p-1)\cdots(p-n+1)}{n!}$ とおくと

$$\left|\frac{a_{n+1}}{a_n}\right| = \left|\frac{p-n}{n+1}\right| \to 1 \quad (n \to \infty)$$

したがって収束半径 $r = 1$．

問題 1.2 収束半径 r の整級数 $\sum_{n=0}^{\infty} a_n z^n$ が $|z_0| = r$ となる z_0 で絶対収束すれば，定義より $\sum_{n=0}^{\infty} |a_n z_0^n| = \sum_{n=0}^{\infty} |a_n| r^n$ は収束する．したがって $|z| = r$ となるすべての z に対して $\sum_{n=0}^{\infty} |a_n z^n| = \sum_{n=0}^{\infty} |a_n| r^n$ は収束する．

$\sum_{n=1}^{\infty} \dfrac{1}{n^2} z^n$ は収束半径が 1 で $z = 1$ とおいた $\sum_{n=1}^{\infty} \dfrac{1}{n^2}$ は収束する．

問題 1.3 収束半径の定義 (3.1 節) より $|z| < \sqrt{r}$ のとき $\sum_{n=0}^{\infty} |a_n z^{2n}|$ は収束し，$|z| > \sqrt{r}$ のとき $\sum_{n=0}^{\infty} a_n z^{2n}$ は発散する．

問題 2.1 （1） $\sum_{n=0}^{\infty} (i^n + n) z^n = \sum_{n=0}^{\infty} i^n z^n + z \sum_{n=1}^{\infty} n z^{n-1}$

$$= \frac{1}{1-iz} + z \left(\frac{1}{1-z}\right)' = \frac{1}{1-iz} + \frac{z}{(1-z)^2}$$

（2）$z^2 = \zeta$ とおく．$\dfrac{2}{(1-\zeta)^3} = \sum_{n=2}^{\infty} n(n-1)\zeta^{n-2}$ $(|\zeta| < 1)$ より，$\sum_{n=1}^{\infty} n(n-1)z^{2n} = \dfrac{2\zeta^2}{(1-\zeta)^3} = \dfrac{2z^4}{(1-z^2)^3}$ となる．

問題 2.2 $\dfrac{1}{1-z} = \sum_{n=0}^{\infty} z^n$ $(|z| < 1)$ を k 回微分すると，定理 4 より，

$$\dfrac{k!}{(1-z)^{k+1}} = \sum_{n=k}^{\infty} n(n-1)\cdots(n-k+1)z^{n-k} \quad (|z| < 1)$$

$n - k = m$ とおくと $\dfrac{1}{(1-z)^{k+1}} = \sum_{m=0}^{\infty} \binom{m+k}{k} z^m$ $(|z| < 1)$．

問題 2.3 $f^{(n)}(0) = n!a_n$, $g^{(n)}(0) = n!b_n$ $(n = 0, 1, \ldots)$ となるから，仮定より $f^{(n)}(0) = g^{(n)}(0)$ が成り立ち $a_n = b_n$ となる．

問題 3.1 $f(iz) = \sum_{n=0}^{\infty} \dfrac{i^n z^n}{n!} = \sum_{m=0}^{\infty} \dfrac{i^{2m} z^{2m}}{(2m)!} + \sum_{m=0}^{\infty} \dfrac{i^{2m+1} z^{2m+1}}{(2m+1)!}$

$$= \sum_{m=0}^{\infty} \dfrac{(-1)^m}{(2m)!} z^{2m} + i \sum_{m=0}^{\infty} \dfrac{(-1)^m}{(2m+1)!} z^{2m+1}$$

となる．z を $-z$ で置き換えると，

$$f(-iz) = \sum_{m=0}^{\infty} \dfrac{(-1)^m}{(2m)!} z^{2m} - i \sum_{m=0}^{\infty} \dfrac{(-1)^m}{(2m+1)!} z^{2m+1}$$

となる．これより

$$g(z) = \dfrac{1}{2}\{f(iz) + f(-iz)\} = \sum_{m=0}^{\infty} \dfrac{(-1)^m}{(2m)!} z^{2m}$$

問題 3.2 $f'(z) = f(z)$ より $\sum_{n=1}^{\infty} na_n z^{n-1} = \sum_{n=0}^{\infty} a_n z^n$ $(|z| < r)$ となる．両辺の z^n の係数は等しい (問題 2.3 参照) から，漸化式 $(n+1)a_{n+1} = a_n$ $(n \geq 0)$ を得る．

$$a_n = \dfrac{1}{n} a_{n-1} = \dfrac{1}{n(n-1)} a_{n-2} = \cdots = \dfrac{1}{n!} a_0$$

これより

$$f(z) = \sum_{n=0}^{\infty} a_n z^n = a_0 \sum_{n=0}^{\infty} \dfrac{z^n}{n!}$$

を得る．またこのときの収束半径 r は $\left|\dfrac{a_{n+1}}{a_n}\right| \to 0$ $(n \to \infty)$ より $r = \infty$ となる．

問題 4.1 （1）$e^{i\pi} - e^{i\pi/4} = (\cos\pi + i\sin\pi) - \left(\cos\dfrac{\pi}{4} + i\sin\dfrac{\pi}{4}\right) = -\left(1 + \dfrac{1}{\sqrt{2}}\right) - i\dfrac{1}{\sqrt{2}}$

(2) $\cosh\dfrac{\pi}{2}i = \dfrac{1}{2}\left(e^{\frac{\pi}{2}i} + e^{-\frac{\pi}{2}i}\right) = \cos\dfrac{\pi}{2} = 0$

(3) $\cos\left(\dfrac{\pi}{4}+i\right) = \dfrac{1}{2}\left\{e^{i\left(\frac{\pi}{4}+i\right)} + e^{-i\left(\frac{\pi}{4}+i\right)}\right\} = \dfrac{1}{2}\left(\dfrac{1}{e}e^{\frac{\pi}{4}i} + ee^{-\frac{\pi}{4}i}\right)$

$\qquad = \dfrac{1}{2}\cdot e^{\frac{\pi}{4}i}\left(\dfrac{1}{e} - ie\right) = \dfrac{1}{2}\cdot\dfrac{(1+i)}{\sqrt{2}}\cdot(e^{-1} - ie)$

$\qquad = \dfrac{1}{2\sqrt{2}}(e + e^{-1}) - \dfrac{i}{2\sqrt{2}}(e - e^{-1})$

問題 4.2 (1) $e^z(e^{2z} + i) = 0$, $|e^z| = e^x > 0$ $(z = x+iy)$ より, $e^{2z} + i = 0$ の根と一致する. $e^{2z} = e^{-\frac{\pi}{2}i}$ より $2z = \left(-\dfrac{\pi}{2} + 2n\pi\right)i$ (n は整数). したがって

$$z = \left(-\dfrac{\pi}{4} + n\pi\right)i \quad (n \text{ は整数})$$

(2) $e^z + e^{-z} = 2i$, $(e^z)^2 - 2ie^z + 1 = 0$ の根を求める. 2次方程式の根の公式より $e^z = (1\pm\sqrt{2})i = (\sqrt{2}+1)e^{\frac{\pi}{2}i}, (\sqrt{2}-1)e^{\frac{3\pi}{2}i}$ となる. ゆえに

$$z = \log_e(\sqrt{2} + (-1)^n) + (2n+1)\pi i/2 \quad (n \text{ は整数})$$

問題 4.3 (1) $z = r(\cos\theta + i\sin\theta)$ より $iz = -r\sin\theta + ir\cos\theta$. したがって

$$|e^{iz}| = |e^{-r\sin\theta}\cdot e^{ir\cos\theta}| = e^{-r\sin\theta}$$

(2) $e^z = \displaystyle\sum_{n=0}^{\infty}\dfrac{1}{n!}z^n$ および, $0 \leqq |z| \leqq 1$ より $|z|^n \leqq 1$ $(n \geqq 1)$ となるから

$$|e^z - 1 - z| = \left|\dfrac{1}{2!}z^2 + \dfrac{1}{3!}z^3 + \cdots\right| \leqq \dfrac{1}{2!}|z|^2 + \dfrac{1}{3!}|z|^3 + \cdots$$

$$\leqq |z|^2\left(\dfrac{1}{2!} + \dfrac{1}{3!} + \cdots\right) = (e-2)|z|^2 \leqq \dfrac{3}{4}|z|^2$$

問題 5.1 $\sin z = u + iv = \dfrac{1}{2i}\left(e^{i(x+iy)} - e^{-i(x+iy)}\right)$ より

$$u + iv = \dfrac{-i}{2}\{e^{-y}(\cos x + i\sin x) - e^y(\cos x - i\sin x)\}$$

$$= \dfrac{e^{-y} + e^y}{2}\sin x - i\dfrac{e^{-y} - e^y}{2}\cos x$$

これより $u = \dfrac{e^{-y} + e^y}{2}\sin x$, $v = \dfrac{e^y - e^{-y}}{2}\cos x$.

問題 5.2 $z = x + iy$ のとき, $w - 1 = e^{iz} = e^{ix}\cdot e^{-y}$ となる.

$$|w-1| = e^{-y}, \quad \arg(w-1) = x$$

から, D の点に対して, $0 < x < \pi$, $0 < y < 1$ だから

$$\begin{cases} e^{-1} < |w-1| < 1, \\ 0 < \arg(w-1) < \pi \end{cases}$$

となり, 右図のような領域となる.

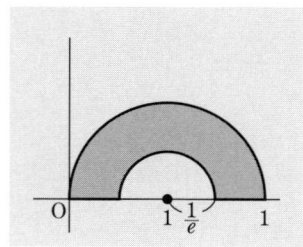

問題 5.3 $z = x + i\pi$ のとき $e^z = e^{x+i\pi} = -e^x < 0$ となる.$w = \dfrac{e^z + 1}{e^z - 1}$ より w は実数値をとり $e^z = \dfrac{1+w}{w-1} < 0$ から $-1 < w < 1$ となる.これを図示すると右図のようになる.

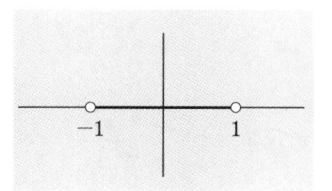

問題 6.1 (1) $\log i = \log_e |i| + i \arg i = i\left(\dfrac{1}{2} + 2n\right)\pi$ (n は整数).

(2) $i^i = e^{i \log i} = e^{-\left(\frac{1}{2} + 2n\right)\pi}$, したがって
$$\log(i^i) = \log\left(e^{-\left(\frac{1}{2}+2n\right)\pi}\right) = -\left(\dfrac{1}{2} + 2n\right)\pi + 2m\pi i \quad (m, n \text{ は整数})$$

(3) $2^i = e^{i \log 2} = e^{i \mathrm{Log}\, 2 - 2n\pi} = e^{-2n\pi}(\cos \mathrm{Log}\, 2 + i \sin \mathrm{Log}\, 2)$ (n は整数)

(4) $(1-i)^{1+i} = e^{(1+i)\log(1-i)} = e^{(1+i)\left(\mathrm{Log}\sqrt{2} + i\left(2n - \frac{1}{4}\right)\pi\right)}$
$$= e^{\left(\mathrm{Log}\sqrt{2} - \left(2n - \frac{1}{4}\right)\pi\right) + i\left(\mathrm{Log}\sqrt{2} + \left(2n - \frac{1}{4}\right)\pi\right)}$$

これより $\mathrm{Re}\left\{(1-i)^{1+i}\right\} = \sqrt{2} e^{\left(\frac{1}{4} - 2n\right)\pi} \cos\left(\mathrm{Log}\sqrt{2} - \dfrac{\pi}{4}\right)$ (n は整数).

問題 6.2 $f(z) = a^z = e^{z \log a}$ だから
$$f'(z) = (e^{z \log a})' = e^{z \log a} \cdot \log a = a^z \log a.$$

問題 6.3 $\log z^2 = \log_e |z|^2 + i \arg(z^2) = 2 \log_e |z| + i(2 \mathrm{Arg}\, z + 2n\pi)$ (n は整数)

$2 \log z = 2(\log_e |z| + i \arg z) = 2 \log_e |z| + i(2 \mathrm{Arg}\, z + 4m\pi)$ (m は整数)

となるから成り立たない.

問題 7.1 $\zeta = \dfrac{z-1}{z+1}$ によって z 平面の上半平面 $\{\mathrm{Im}\, z > 0\}$ は ζ 平面の上半平面 $\{\mathrm{Im}\, \zeta > 0\}$ へ写像される.$w = \mathrm{Log}\, \zeta$ によって $\{\mathrm{Im}\, \zeta > 0\}$ は w 平面の帯状領域 $\{w; 0 < \mathrm{Im}\, w < \pi\}$ へ写像される.

問題 7.2 (1) $\zeta = \pi z / \alpha$ によって $\{0 < \mathrm{Im}\, \zeta < \pi\}$ 上へ写像されるから $w = e^{\pi z/\alpha}$ で上半平面 $\{\mathrm{Im}\, w > 0\}$ へうつされる.

(2) $\zeta = \dfrac{1+z}{1-z}$ によって $\{\mathrm{Im}\, z > 0\}$ は ζ 平面の上半平面へうつり,$\{|z| < 1\}$ は ζ 平面の右半平面 $\{\mathrm{Re}\, \zeta > 0\}$ へうつる.したがって $\{z; |z| < 1, \mathrm{Im}\, z > 0\}$ は ζ 平面の第 1 象限に写像されるから,求める関数は $w = \left(\dfrac{1+z}{1-z}\right)^2$ となる.

第 3 章演習問題

演習 1 $f(z^2) = f(z) - z$ より,$\displaystyle\sum_{n=0}^{\infty} a_n z^{2n} = a_0 + (a_1 - 1)z + \sum_{n=2}^{\infty} a_n z^n$.両辺の係数を比較して $a_1 - 1 = 0, a_n = a_{2n}, a_{2n+1} = 0$ ($n \geqq 1$) となる.これより $n = 2^k$ ($k \geqq 0$)

のとき $a_n = 1$, その他の n に対しては $a_n = 0$. したがって
$$f(z) = a_0 + \sum_{h=0}^{\infty} z^{2^k}$$

演習 2 （1） $\dfrac{e^{ia} + e^{ib}}{e^{i(a+b)/2}} = e^{ia - i(a+b)/2} + e^{ib - i(a+b)/2}$
$$= e^{i(a-b)/2} + e^{i(b-a)/2} = 2\cos\dfrac{a-b}{2}$$

（2） $e^{\pi i} = e^{-\pi i} = -1$ より
$$\sinh(z + \pi i) = \dfrac{1}{2}(e^{z+\pi i} - e^{-(z+\pi i)}) = \dfrac{1}{2}(e^z \cdot e^{\pi i} - e^{-z} \cdot e^{-\pi i})$$
$$= -\dfrac{1}{2}(e^z - e^{-z}) = -\sinh z$$

演習 3 （1） 三角不等式 $||z_1| - |z_2|| \leqq |z_1 - z_2| \leqq |z_1| + |z_2|$ を利用すると，$\tan z = \dfrac{e^{iz} - e^{-iz}}{i(e^{iz} + e^{-iz})}$ より
$$|\tan z| \leqq \dfrac{|e^{iz}| + |e^{-iz}|}{||e^{iz}| - |e^{-iz}||}, \quad |\tan z| \geqq \dfrac{||e^{iz}| - |e^{-iz}||}{|e^{iz}| + |e^{-iz}|}$$

上の式に $iz = ix - y$ から得られる式 $|e^{iz}| = e^{-y}$, $|e^{-iz}| = e^y$ を代入すれば，求める不等式を得る．

（2） （1）の不等式で $y \to \infty$ とすれば $\dfrac{|e^{-y} - e^y|}{e^{-y} + e^y} \to 1$, $\dfrac{e^{-y} + e^y}{|e^{-y} - e^y|} \to 1$ だから，$|\tan(a + iy)| \to 1$ となる．

演習 4 $\tan z = \dfrac{e^{iz} - e^{-iz}}{i(e^{iz} + e^{-iz})} = \pm i$ と仮定すれば $e^{iz} - e^{-iz} = \mp (e^{iz} + e^{-iz})$ となる．これより $e^{iz} = 0$, または $e^{-iz} = 0$. 一方 $|e^z| = e^x > 0$ より指数関数は決して 0 とならないから，不合理となる．

演習 5 $z = x + i\dfrac{\pi}{2}$ のとき $e^z = ie^x$ となる．
$w = z + e^z = u + iv$ とおくと
$$u = x, \quad v = e^x + \dfrac{\pi}{2}$$
これより
$$v = e^u + \dfrac{\pi}{2}$$
となり，右図のような曲線となる．

演習 6 （1） 加法定理 (3.2 節参照) より $\sin(x + iy) = \sin x \cos(iy) + \cos x \sin(iy)$ となる．$\cos(iy) = \cosh y$, $\sin(iy) = i \sinh y$ を代入するとよい．

（2） $w = \sin z = u + iv$, $z = x + iy$ とおくと，（1）より
$$u = \sin x \cosh y, \quad v = \cos x \sinh y$$

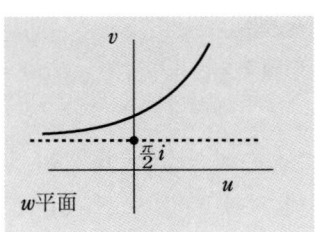

($x = \pi/4$, $0 \leqq y < 1$ のとき)
$$u = \frac{\cosh y}{\sqrt{2}}, \quad v = \frac{\sinh y}{\sqrt{2}}$$
となり $\frac{1}{\sqrt{2}} \leqq u \leqq \frac{\cosh 1}{\sqrt{2}}$, $0 \leqq v \leqq \frac{\sinh 1}{\sqrt{2}}$, $2u^2 - 2v^2 = 1$.

($0 \leqq x \leqq \pi/4$, $y = 1$ のとき)
$$u = \sin x \ \cosh 1, \quad v = \cos x \ \sinh 1$$
となり $0 \leqq u \leqq \frac{\cosh 1}{\sqrt{2}}$, $\frac{\sinh 1}{\sqrt{2}} \leqq v \leqq \sinh 1$, $\left(\frac{u}{\cosh 1}\right)^2$ $+ \left(\frac{v}{\sinh 1}\right)^2 = 1$ となり，右図のような曲線となる．

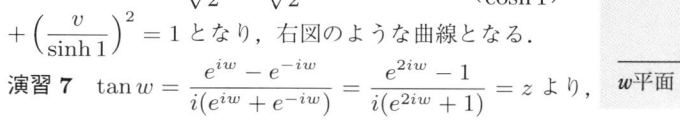

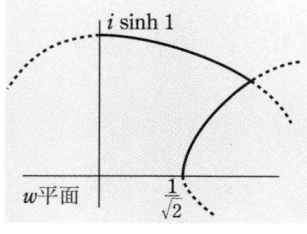

演習 7 $\tan w = \dfrac{e^{iw} - e^{-iw}}{i(e^{iw} + e^{-iw})} = \dfrac{e^{2iw} - 1}{i(e^{2iw} + 1)} = z$ より，$e^{2iw} - 1 = iz(e^{2iw} + 1)$ となる．これより $(1 - iz)e^{2iw} = 1 + iz$ となり $e^{2iw} = \dfrac{1 + iz}{1 - iz}$ したがって
$$w = \frac{1}{2i} \log\left(\frac{1 + iz}{1 - iz}\right)$$

演習 8 $\zeta = \dfrac{1 - z}{z + 1}$ のとき，$z = -\dfrac{\zeta - 1}{\zeta + 1}$ より，$|z| = 1$ を虚軸へうつし，$|z| < 1$ のとき $|\zeta + 1| > |\zeta - 1|$ から ζ は虚軸の右半平面にある．これより $\zeta = re^{i\theta}$ $\left(|\theta| < \dfrac{\pi}{2}\right)$ だから
$$w = \sqrt{\zeta} = \sqrt{r} e^{i\theta/2}, \quad |\theta/2| < \pi/4$$
によって，w は与えられた図のような領域にある．

第 4 章の解答

問題 1.1 $z = r(\cos\theta + i\sin\theta), 0 \leq \theta \leq 2\pi$ と表せる．また $dz/d\theta = r(-\sin\theta + i\cos\theta)$ より

$$\int_{|z|=r} x\, dz = \int_0^{2\pi} r\cos\theta \cdot r(-\sin\theta + i\cos\theta)\, d\theta$$

$$= ir^2 \int_0^{2\pi} \cos^2\theta\, d\theta - r^2 \int_0^{2\pi} \sin\theta\cos\theta\, d\theta$$

$$= ir^2 \cdot \int_0^{2\pi} \frac{1+\cos 2\theta}{2}\, d\theta - r^2 \int_0^{2\pi} \frac{\sin 2\theta}{2}\, d\theta$$

$$= ir^2 \left[\frac{\theta}{2} + \frac{1}{4}\sin 2\theta\right]_0^{2\pi} - r^2 \left[\frac{-\cos 2\theta}{4}\right]_0^{2\pi} = i\pi r^2$$

問題 1.2 （1） 曲線 C_1 の方程式は

$$z = z(t) = t^2 + it\ (0 \leq t \leq 1), \quad dz = (2t+i)\, dt$$

と表される．

$$\int_{C_1} \bar{z}\, dz = \int_0^1 (t^2 - it)(2t+i)\, dt = \int_0^1 (2t^3 + t)\, dt - i\int_0^1 t^2 dt = 1 - \frac{i}{3}$$

曲線 C_2 を点 1 で分けると，C_2 の方程式は

$$\text{前の部分：} z = z(t) = t \quad (0 \leq t \leq 1), \quad dz = dt$$
$$\text{後の部分：} z = z(t) = 1 + it \quad (0 \leq t \leq 1), \quad dz = i\, dt$$

したがって

$$\int_{C_2} \bar{z}\, dz = \int_0^1 t\, dt + \int_0^1 (1-it)i\, dt = \frac{1}{2} + i\left(1 - \frac{i}{2}\right) = 1 + i$$

（2）（1）と同様の計算によっても値は得られるが $f(z) = z$ は原始関数 $\frac{1}{2}z^2$ を持つので定理 5 から

$$\int_{C_1} z\, dz = \int_{C_2} z\, dz = \left[\frac{1}{2}z^2\right]_0^{1+i} = \frac{(1+i)^2}{2} = i$$

問題 2.1 （1） $z^2 = (z-1)^2 + 2(z-1) + 1$ と変形し例題 2 (1) を用いると

$$\int_{|z-1|=1} \left(z^2 + \frac{i}{z-1}\right) dz = \int_{|z-1|=1} (z-1)^2 dz + 2\int_{|z-1|=1} (z-1)\, dz$$

$$+ \int_{|z-1|=1} dz + i\int_{|z-1|=1} \frac{1}{z-1}\, dz = -2\pi$$

(2) $|z|=1$ のとき $\bar{z}=\dfrac{1}{z}$ より $z^2(\bar{z})^3=\dfrac{1}{z}$. したがって

$$\int_{|z|=1} z^2(\bar{z})^3 dz = \int_{|z|=1} \frac{1}{z}dz = 2\pi i$$

問題 2.2 単位円 Γ は $z=e^{i\theta}$ $(0\leqq\theta\leqq 2\pi)$ と表せるから

$$dz = iz\,d\theta, \quad z+\frac{1}{z}=2\cos\theta$$

したがって

$$\frac{1}{2\pi i}\int_\Gamma \frac{1}{z}\left(z+\frac{1}{z}\right)^{2p}dz = \frac{1}{2\pi}\int_0^{2\pi}(2\cos\theta)^{2p}d\theta$$

となる. 例題 2 の(2)より

$$\int_0^{2\pi}\cos^{2p}\theta\,d\theta = \frac{2\pi}{2^{2p}}\frac{(2p)!}{(p!)^2} = \frac{(2p)!}{\{2\cdot 4\cdots(2p-2)2p\}^2}2\pi$$
$$= \frac{1\cdot 3\cdot 5\cdots(2p-1)}{2\cdot 4\cdot 6\cdots(2p)}\cdot 2\pi$$

問題 3.1 (1) C 上で $|z^2+1|\geqq |z|^2-1 = R^2-1$, $|e^{iz}|=e^{-R\sin\theta}\leqq 1$ となる. $dz=iz\,d\theta$ より

$$\left|\int_C \frac{e^{iz}}{z^2+1}dz\right| = \left|\int_0^\pi \frac{e^{iz}}{z^2+1}iz\,d\theta\right| \leqq \int_0^\pi \left|\frac{e^{iz}iz}{z^2+1}\right|d\theta \leqq \frac{\pi R}{R^2-1}$$

(2) $|e^{-z^2}|=e^{-(x^2-y^2)}$ より, C 上 $y=1$, $-1\leqq x\leqq 1$, での y^2-x^2 の最大値は 1. したがって, $|e^{-z^2}|\leqq e$ が C 上で成り立つ. C の長さは 2 より定理 4 から

$$\left|\int_C e^{-z^2}dz\right| \leqq \int_C |e^{-z^2}||dz| = e\cdot 2$$

問題 3.2 $\left|\displaystyle\int_C \frac{e^{iz}}{z}dz\right| = \left|\displaystyle\int_0^b \frac{e^{i(a+it)}}{a+it}i\,dt + \int_a^0 \frac{e^{i(t+ib)}}{t+ib}dt\right|$

$$\leqq \int_0^b \frac{|e^{ia-t}|}{|a+it|}dt + \int_0^a \frac{|e^{it-b}|}{|t+ib|}dt \leqq \int_0^b \frac{e^{-t}}{a}dt + \int_0^a \frac{e^{-b}}{b}dt$$
$$< \frac{1}{a}(1-e^{-b}) + e^{-b}\cdot\frac{a}{b} < \frac{1}{a}+\frac{a}{b}$$

問題 4.1 積分路およびその内部で被積分関数が正則となることを示し, コーシーの積分定理 (定理 6) を適用する.

(1) $\dfrac{1}{e^z+1}$ は $z=(2n+1)\pi i$ (n は整数) 以外で正則.

(2) $\dfrac{z}{z^2-4z+8}$ は $z=2\pm 2i$ 以外で正則.

(3) $\tan z = \dfrac{\sin z}{\cos z}$ は $z = \left(\dfrac{1}{2} + n\right)\pi$ (n は整数) 以外で正則.

以上より積分はすべて 0 となる.

問題 4.2　C と線分 $L: z = t$ ($0 \leqq t \leqq 1$) をあわせた閉曲線で囲まれる領域を D とすると D およびその周上で $\dfrac{1}{z^2+1}$ は正則となりコーシーの積分定理より

$$\int_C \frac{1}{z^2+1}\,dz + \int_0^1 \frac{1}{t^2+1}\,dt = 0$$

これより

$$\int_C \frac{1}{z^2+1}\,dz = -\int_0^1 \frac{1}{t^2+1}\,dt = -[\tan^{-1} t]_0^1 = -\frac{\pi}{4}$$

問題 5.1　(1)　$r\,(>0)$ を十分小さく定めると, $|z| = r$ は C の内部に含まれるようにできる. $\dfrac{1}{z}$ は C と $|z| = r$ で囲まれた領域で正則だから, 定理 8 を用いて

$$\int_C \frac{1}{z}\,dz = \int_{|z|=r} \frac{1}{z}\,dz = 2\pi i$$

(2)　$z = \alpha \cos t + i\beta \sin t$ より $dz = (-\alpha \sin t + i\beta \cos t)\,dt$

$$\int_C \frac{1}{z}\,dz = \int_0^{2\pi} \frac{-\alpha \sin t + i\beta \cos t}{\alpha \cos t + i\beta \sin t}\,dt$$

$$= \int_0^{2\pi} \frac{(\beta^2 - \alpha^2)\sin t\,\cos t}{\alpha^2 \cos^2 t + \beta^2 \sin^2 t}\,dt + i\int_0^{2\pi} \frac{\alpha\beta}{\alpha^2 \cos^2 t + \beta^2 \sin^2 t}\,dt$$

両辺の虚部を比較して, (1) より

$$\int_0^{2\pi} \frac{1}{\alpha^2 \cos^2 t + \beta^2 \sin^2 t}\,dt = \frac{2\pi}{\alpha\beta}$$

問題 6.1　$f(z) = \dfrac{e^{2iz} - 1}{z^2}$ は $z = 0$ 以外で正則だから, 右図のような積分路 Γ に対して, コーシーの定理より

$$\int_\Gamma f(z)\,dz = 0$$

したがって $C_a = \{|z| = a,\ \mathrm{Im}\,z > 0\}$　($a > 0$) とすると

$$\int_{C_\varepsilon} f(z)\,dz - \int_{C_r} f(z)\,dz = \int_\varepsilon^r f(x)\,dx + \int_{-r}^{-\varepsilon} f(x)\,dx = \int_\varepsilon^r (f(x) + f(-x))\,dx$$

$$= \int_\varepsilon^r \frac{e^{2ix} + e^{-2ix} - 2}{x^2}\,dx = \int_\varepsilon^r \frac{(e^{ix} - e^{-ix})^2}{x^2}\,dx$$

$$= -4\int_\varepsilon^r \left(\frac{\sin x}{x}\right)^2 dx$$

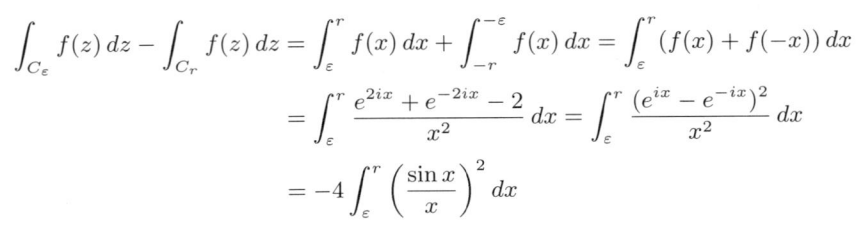

C_r 上では $|f(z)| \leq \dfrac{e^{-2r\sin\theta}+1}{r^2} \leq \dfrac{2}{r^2}$ $(z = re^{i\theta},\ 0 \leq \theta \leq \pi)$ となり

$$\left|\int_{C_r} f(z)\,dz\right| \leq \frac{2\pi}{r} \to 0 \quad (r \to \infty)$$

また $\dfrac{e^{2iz}-1}{z} \to 2i\ (z \to 0)$ より

$$\left|\int_{C_\varepsilon} \left(\frac{e^{2iz}-1}{z} - 2i\right)\frac{1}{z}\,dz\right| = \left|\int_0^\pi \left(\frac{e^{2iz(t)}-1}{z(t)} - 2i\right)i\,dt\right| \to 0$$

これより $\displaystyle\int_{C_\varepsilon} f(z)\,dz \to -2\pi\ (\varepsilon \to 0)$.

以上より

$$\int_0^\infty \left(\frac{\sin x}{x}\right)^2 = \lim_{\substack{\varepsilon \to 0 \\ r \to \infty}} \int_\varepsilon^r \left(\frac{\sin x}{x}\right)^2 dx = \frac{\pi}{2}$$

第 4 章演習問題

演習 1 $z = e^{it}$ より $dz = ie^{it}dt$ となる.

(1) $\displaystyle\int_C |z|\bar{z}\,dz = \int_0^\pi e^{-it} \cdot ie^{it}dt = i\int_0^\pi dt = \pi i$

(2) $\displaystyle\int_C \mathrm{Log}\,z\,dz = \int_0^\pi (\mathrm{Log}\,|e^{it}| + i\mathrm{Arg}\,e^{it})ie^{it}dt = \int_0^\pi (i)^2 t \cdot e^{it}dt$

$$= -\left[\frac{1}{i}te^{it}\right]_0^\pi + \frac{1}{i}\int_0^\pi e^{it}dt = \frac{\pi}{i} + 2 = 2 - \pi i$$

(3) $\displaystyle\int_C \sqrt{z}\,dz = \int_0^\pi e^{\frac{1}{2}it} \cdot ie^{it}dt = \left[i \cdot \frac{2}{3i}e^{i\frac{3}{2}t}\right]_0^\pi = -\frac{2}{3}(1+i)$

演習 2 $(f(z)g(z))' = f'(z)g(z) + f(z)g'(z)$ となる. したがって $F(z) = f(z)g(z)$ は $f'(z)g(z) + f(z)g'(z)$ の原始関数となる. 4.1 節定理 5 より

$$\int_C \{f'(z)g(z) + f(z)g'(z)\}\,dz = F(b) - F(a) = [f(z)g(z)]_a^b$$

となることより求める公式を得る.

演習 3 (1) C を円 $|z-1| = 1/2$ とする. 2 は C の外部にあることに注意する.

$$\int_C \frac{1}{z^2 - 3z + 2}\,dz = \int_C \left(\frac{1}{z-2} - \frac{1}{z-1}\right)dz = \int_C \frac{1}{z-2}\,dz - \int_C \frac{1}{z-1}\,dz = -2\pi i$$

(2) 上の部分積分の公式を使う．

$$\int_0^{\pi+i} z\cos 2z\,dz = \left[z\frac{\sin 2z}{2}\right]_0^{\pi+i} - \int_0^{\pi+i} \frac{\sin 2z}{2}\,dz$$

$$= \frac{(\pi+i)\sin(2\pi+2i)}{2} + \left[\frac{\cos 2z}{4}\right]_0^{\pi+i}$$

$$= \frac{\pi+i}{4i}(e^{-2}-e^2) + \frac{1}{8}(e^2+e^{-2}) - \frac{1}{4}$$

$$= \left(\frac{3}{8}e^{-2} - \frac{1}{8}e^2 - \frac{1}{4}\right) - i\frac{\pi(e^{-2}-e^2)}{4}$$

演習 4 仮定より $\lim_{z\to a} f(z) = f(a)$ となる．また $z = a + re^{i\theta}$ とおくと $dz = ie^{i\theta}d\theta$ より

$$\int_{C_r} \frac{1}{z-a}\,dz = \int_0^\pi i\,d\theta = \pi i$$

となる．任意の $\varepsilon > 0$ に対して，適当な $\delta > 0$ をとると $|z-a| < \delta$ のとき $|f(z)-f(a)| < \frac{\varepsilon}{\pi}$ とできる．このとき

$$\left|\int_{C_r} \frac{f(z)}{z-a}\,dz - f(a)\pi i\right| = \left|\int_{C_r} \frac{f(z)}{z-a}\,dz - \int_{C_r} \frac{f(a)}{z-a}\,dz\right| = \left|\int_{C_r} \frac{f(z)-f(a)}{z-a}\,dz\right|$$

$$\leq \int_{C_r} \left|\frac{f(z)-f(a)}{z-a}\right| |dz| < \frac{\varepsilon}{r\pi} \int_{C_r} |dz| = \varepsilon$$

となり，ε は任意だから

$$\lim_{z\to a} \int_{C_r} \frac{f(z)}{z-a}\,dz = f(a)\pi i$$

演習 5 始点 a，終点 b となる直線を C とすれば，C の長さは $|b-a| < 2r$ となる．また $C: z = a + t(b-a),\ 0 \leqq t \leqq 1$，と表せる．

$$\left|\int_a^b f(z)\,dz\right| = \left|\int_C f(z)\,dz\right| = \left|\int_0^1 f(a+t(b-a))(b-a)\,dt\right|$$

$$\leq \int_0^1 |f(a+t(b-a))|\,|b-a|\,dt \leqq M|b-a| < 2Mr$$

演習 6 コーシーの定理より，$\int_C f(z)\,dz = 0$ となるから，

$$\int_{-r}^r e^{-x^2}\,dx - \int_{-r}^r e^{-(x+ia)^2}\,dx = -\int_0^a e^{-(r+it)^2}i\,dt + \int_0^a e^{-(-r+it)^2}i\,dt = -I_1 + I_2$$

$$|I_1| = \left|\int_0^a e^{(t^2-r^2)}\cdot e^{-2irt}\,dt\right| \leq \int_0^a e^{t^2-r^2}\,dt = e^{-r^2}\int_0^a e^{t^2}\,dt \to 0 \quad (r\to\infty)$$

また同様に $I_2 \to 0\ (r\to\infty)$．

$$\int_{-r}^{r} e^{-x^2} dx \to \int_{-\infty}^{\infty} e^{-x^2} dx = \sqrt{\pi} \quad (r \to \infty) \text{ より}$$

$$\sqrt{\pi} - \int_{-\infty}^{\infty} e^{-x^2+a^2} e^{-2iax} dx = 0$$

$$\sqrt{\pi} = e^{a^2} \int_{-\infty}^{\infty} e^{-x^2} (\cos 2ax - i \sin 2ax) \, dx$$

より，両辺の実部をとれば，求める式が得られる．

第5章の解答

問題 1.1 （1） $f(z)=e^z$ は平面全体で正則だから，コーシーの積分公式 (定理 3) より

$$f^{(3)}(1) = \frac{3!}{2\pi i}\int \frac{f(z)}{(z-1)^4}\,dz = \frac{3}{\pi i}\int_{|z|=2}\frac{e^z}{(z-1)^4}\,dz$$

$f^{(3)}(z)=e^z$ より $f^{(3)}(1)=e$ となるから

$$\int_{|z|=2}\frac{e^z}{(z-1)^4}\,dz = \frac{\pi e}{3}i$$

（2） $\pi i/2$ は円 $|z|=2$ の内部にあり，$f(z)=e^{-z}$ は全平面で正則だから，コーシーの積分公式 (定理 1) より

$$\frac{1}{2\pi i}\int_{|z|=2}\frac{e^{-z}}{z-(\pi i/2)}\,dz = e^{-\pi i/2} = -i$$

これより

$$\int_{|z|=2}\frac{e^{-z}}{z-(\pi i/2)}\,dz = 2\pi$$

（3） $f(z)=\dfrac{z^3+3z+1}{z^2-5}$ は $z=\pm\sqrt{5}$ 以外で正則で，これらの点は円 $|z-i|=\sqrt{2}$ の外部にある．また O は円 $|z-i|=\sqrt{2}$ の内部にあるから，コーシーの積分公式 (定理 1) より

$$\int_{|z-i|=\sqrt{2}}\frac{z^3+3z+1}{z^3-5z}\,dz = \int_{|z-i|=\sqrt{2}}\frac{f(z)}{z}\,dz = 2\pi i f(0) = -\frac{2\pi i}{5}$$

問題 1.2 $F(z)=f(z)-g(z)$ とおくと $F(z)$ は $|z|\leqq r$ で正則で $F(\zeta)=0\ (|\zeta|=r)$ となる．$|z|<1$ の点に対してコーシーの積分公式 (定理 1) より

$$F(z) = \frac{1}{2\pi i}\int_{|z|=r}\frac{F(\zeta)}{\zeta-z}\,d\zeta = 0$$

これより $f(z)=g(z)\ (|z|\leqq 1)$ となる．

問題 2.1
$$\mathrm{Re}\left[\frac{e^{i\theta}+z}{e^{i\theta}-z}\right] = \frac{1}{2}\left(\frac{e^{i\theta}+re^{i\varphi}}{e^{i\theta}-re^{i\varphi}}+\frac{e^{-i\theta}+re^{-i\varphi}}{e^{-i\theta}-re^{-i\varphi}}\right)$$

$$= \frac{1}{2}\left\{\frac{2(1-r^2)}{(e^{i\theta}-re^{i\varphi})(e^{-i\theta}+re^{-i\varphi})}\right\}$$

$$= \frac{1-r^2}{1-r(e^{i(\theta-\varphi)}+e^{-i(\theta-\varphi)})+r^2} = \frac{1-r^2}{1-2r\cos(\theta-\varphi)+r^2}$$

問題 2.2 ポアソンの積分公式 (定理 9) で $f(z) = 1$, $R = 1$, $\phi = 0$ とおけば，
$$1 = \frac{1}{2\pi}\int_0^{2\pi}\frac{1-r^2}{1-2r\cos\theta+r^2}d\theta = \frac{1-r^2}{2\pi}\int_0^{2\pi}\frac{1}{1-2r\cos\theta+r^2}d\theta$$
これより
$$\frac{1}{2\pi}\int_0^{2\pi}\frac{1}{1-2r\cos\theta+r^2}d\theta = \frac{1}{1-r^2}$$

問題 2.3 コーシーの積分公式より $f(z) = \frac{1}{2\pi i}\int_{|\zeta|=1}\frac{f(\zeta)}{\zeta-z}d\zeta$.
したがって
$$f(z) - \frac{1}{2}f(0) = \frac{1}{2\pi i}\int_{|\zeta|=1}f(\zeta)\left(\frac{1}{\zeta-z} - \frac{1}{2\zeta}\right)d\zeta = \frac{1}{4\pi i}\int_{|\zeta|=1}f(\zeta)\frac{\zeta+z}{(\zeta-z)\zeta}d\zeta$$
ここで $\zeta = e^{i\theta}$ $(0 \leqq \theta \leqq 2\pi)$ とすると $d\zeta = ie^{i\theta}d\theta$ より
$$f(z) - \frac{1}{2}f(0) = \frac{1}{4\pi}\int_0^{2\pi}f(e^{i\theta})\frac{e^{i\theta}+z}{e^{i\theta}-z}d\theta$$

問題 3.1 右図のような長方形の周および内部よりなる有界閉集合を F とする. $|f(z)|$ は全平面で連続だから F 上で最大値 M をとる. 任意の $z = x+iy\,(\in \boldsymbol{C})$ に対して，整数 m, n を
$$\alpha m \leqq x < \alpha(m+1), \quad \beta n \leqq y < \beta(n+1)$$
となるようにとる. $z_0 = z - (\alpha m + i\beta n) = (x - \alpha m) + i(y - \beta n)$ より $z_0 \in F$ となる. 仮定より
$$f(z) = f(z_0 + \alpha m + i\beta n) = f(z_0)$$
より $|f(z)| \leqq M$ $(z \in \boldsymbol{C})$ となる. これよりリウビルの定理から $f(z)$ は定数となる.

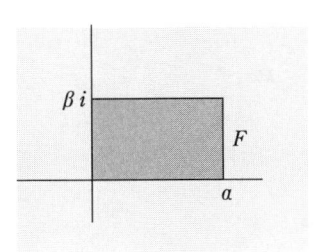

問題 3.2 最大値の原理より絶対値の最大値は単位円周上でとることを利用する.

(1) 1　　(2) e　　(3) $\dfrac{e+e^{-1}}{2} = \cosh 1$

問題 3.3 仮定より $1/f(z)$ は $|z| < 1$ で正則で，$|1/f(z)| \leqq |1/f(0)|$ となる. $r < 1$ に対して
$$\max_{|z|\leqq r}\left|\frac{1}{f(z)}\right| = \left|\frac{1}{f(0)}\right|$$
となるから最大値の定理より $1/f(z)$ は定数となり，$f(z)$ も定数となる.

問題 3.4 仮定より $g(z) = 1/f(z)$ は C および C で囲まれた領域 D のすべての点で正則となる. C 上での $|f(z)|$ の最小値を m とすれば (C は有界閉集合で $1/|f(z)|$ が C 上で連続だから存在する). $|g(z)| \leqq 1/m$ が C 上で成り立つ. 最大値の原理より $|f(z)| \geqq m$ が D 全体で成り立つ.

問題 4.1 $|a|<1$ とすると，例題 4 より，$|z|<1$ に対して

$$\left|\frac{f(z)-f(a)}{1-\overline{f(a)}f(z)}\right| \leq \left|\frac{z-a}{1-\bar{a}z}\right|$$

これを変形して

$$\left|\frac{f(z)-f(a)}{z-a}\right| \leq \left|\frac{1-\overline{f(a)}f(z)}{1-\bar{a}z}\right|$$

となる．$f(z)$ は連続より $\lim_{z\to a} f(z) = f(a)$ となるから，上式で $z\to a$ として

$$|f'(a)| \leq \frac{1-|f(a)|^2}{1-|a|^2}$$

問題 5.1 (1) $f(z)=\dfrac{z^2}{1-2z}=-\dfrac{1}{2}z-\dfrac{1}{4}+\dfrac{1}{4(1-2z)}$ と部分分数に分解して，

$$f'(z)=-\frac{1}{2}+\frac{1}{2(1-2z)^2}, \quad f^{(n)}(z)=\frac{n!2^n}{4(1-2z)^{n+1}} \quad (n\geq 2)$$

これより

$$f(i)=-\frac{1+2i}{5}, \quad f'(i)=\frac{2i-14}{25}, \quad \frac{f^{(n)}(i)}{n!}=\frac{1+2i}{20}\left\{\frac{2(1+2i)}{5}\right\}^n \quad (n\geq 2)$$

したがってテーラー展開の一般形から

$$f(z)=-\frac{1+2i}{5}+\frac{2i-14}{25}(z-i)+\frac{1+2i}{20}\sum_{n=2}^{\infty}\left\{\frac{2(1+2i)}{5}\right\}^n(z-i)^n$$

$f(z)$ の特異点は $z=\dfrac{1}{2}$ だから，この展開は $|z-i|<\dfrac{\sqrt{5}}{2}$ で成り立つ．

(2) $f(z)=\dfrac{1}{z^2-2z+3}=\dfrac{1}{2+(z-1)^2}=\dfrac{1}{2}\dfrac{1}{1+\frac{1}{2}(z-1)^2}=\dfrac{1}{2}\sum_{n=0}^{\infty}\left(-\dfrac{1}{2}(z-1)^2\right)^n$

これより

$$f(z)=\frac{1}{2}\sum_{n=0}^{\infty}\left(-\frac{1}{2}\right)^n(z-1)^{2n} \quad (|z-1|<\sqrt{2})$$

(3) $f(z)=\dfrac{1}{z^2}$ の n 階微分を求めると $f^{(n)}(z)=\dfrac{(-1)^n(n+1)!}{z^{n+2}}, (n\geq 1)$.

$$f(z)=\frac{1}{z^2}=\sum_{n=0}^{\infty}\frac{f^{(n)}(2)}{n!}(z-2)^n=\sum_{n=0}^{\infty}\frac{(-1)^n(n+1)}{2^{n+2}}(z-2)^n$$

$f(z)$ の特異点は $z=0$ だから，上の展開は $|z-2|<2$ で成り立つ．

問題 5.2 $f(z)=z\mathrm{Log}\,z$ は $|z-1|<1$ で正則となり，

$$f'(z)=\mathrm{Log}\,z+1, \quad f''(z)=\frac{1}{z}, \quad f^{(n)}(z)=\frac{(-1)^{n-2}(n-2)!}{z^{n-1}} \quad (n\geq 3)$$

これより $f(1) = 0$, $f'(1) = 1$, $f^{(n)}(1) = (-1)^n(n-2)!$ $(n \geq 2)$ より

$$f(z) = z\operatorname{Log} z = \sum_{n=0}^{\infty} \frac{f^{(n)}(1)}{n!}(z-1)^n = (z-1) + \sum_{n=2}^{\infty} \frac{(-1)^n}{n(n-1)}(z-1)^n$$

問題 6.1 （1） $(z^2+1)(z^2-1)^3 = (z-i)(z+i)(z-1)^3(z+1)^3$
これより，$z = \pm i$ が1位の零点，$z = \pm 1$ が3位の零点となる．

（2） $f(z) = \operatorname{Log}(z^2-1)$ とすると，$f(z)$ の零点は $z = \pm\sqrt{2}$ となる．これらの位数は $f'(z) = \dfrac{2z}{(z^2-1)}$ より $f'(\pm\sqrt{2}) \neq 0$ から $f(z)$ の1位の零点となる．これらより $(z-2)\operatorname{Log}(z^2-1)$ の零点は $2, \pm\sqrt{2}$ でいずれも1位の零点である．

問題 6.2 関数の積の高階微分に関するライプニッツの公式より

$$(fg)^{(n)}(z) = \sum_{k=0}^{n} \binom{n}{k} f^{(k)}(z) g^{(n-k)}(z)$$

これより

$$n! c_n = (fg)^{(n)}(a) = \sum_{k=0}^{n} \frac{n!}{k!(n-k)!} f^{(k)}(a) g^{(n-k)}(a)$$

また，$a_k = \dfrac{f^{(k)}(a)}{k!}$, $b_{n-k} = \dfrac{g^{(n-k)}(a)}{(n-k)!}$ より

$$c_n = \sum_{k=0}^{\infty} a_k b_{n-k}$$

となる．

問題 7.1 $f(z)$ が整関数より，$f'(z)$ も整関数となり，(2)と上の例より $f'(z)$ は高々1次の多項式となる．これより

$$f(z) = a + bz + cz^2$$

(1)より $f(0) = a = 0$, $f'(0) = b = 0$, $f(1) = c = 2$ を得る．したがって $f(z) = 2z^2$.

問題 7.2 $f(-z) = \sum_{n=0}^{\infty} a_n(-z)^n = \sum_{n=0}^{\infty} a_n(-1)^n z^n$ は $f(-z)$ のテーラー展開となる．$g(z) = f(z) - f(-z)$ とおくと仮定より $g(z) = 0$ $(|z| < r)$

$$g(z) = \sum_{n=0}^{\infty} a_n z^n - \sum_{n=0}^{\infty} (-1)^n a_n z^n = \sum_{n=0}^{\infty} 2a_{2n+1} z^{2n+1}$$

$$2a_{2n+1} = \frac{g^{(2n+1)}(0)}{(2n+1)!} = 0 \quad (n = 0, 1, \cdots)$$

問題 8.1 $f(z)$ が $z=0$ の近傍で正則で $f\left(\dfrac{1}{n}\right) = \dfrac{n}{n+1}$ とする．$f(z) - \dfrac{1}{1+z}$ に一致の定理を適用すると，

$$f(z) = \frac{1}{1+z}$$

となる．

問題 8.2 $|z-1|<1$ のとき，

$$f(z) = \sum_{n=0}^{\infty}(1-z)^n = \frac{1}{1-(1-z)} = \frac{1}{z}$$

$|z-i|<1$ のとき，$|1+iz|=|z-i|<1$ より

$$g(z) = -i\sum_{n=0}^{\infty}(1+iz)^n = -i\frac{1}{1-(1+iz)} = \frac{1}{z}$$

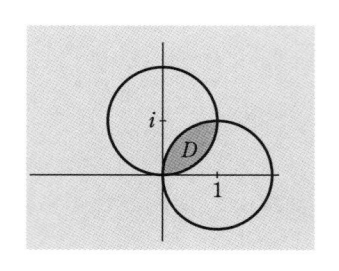

また 2 つの領域 $\{|z-1|<1\}$ と $\{|z-i|<1\}$ は右図のように共通部分 D を持ち，その各点で $f(z)=g(z)$ となるから，$g(z)$ は $f(z)$ の $\{|z-i|<1\}$ への解析接続となる．

第 5 章演習問題

演習 1 (1) $f(z)z^{n-1}$ は $|z|\leqq 1$ で正則より，コーシーの積分定理 (4.2 節定理 1) と $dz=ie^{i\theta}d\theta$ から，

$$\int_{|z|=1} f(z)z^{n-1}dz = i\int_0^{2\pi} f(e^{i\theta})e^{in\theta}d\theta = 0 \quad (n\geqq 1)$$

(2) コーシーの積分公式 (5.1 節定理 3) より

$$f^{(n)}(0) = \frac{n!}{2\pi i}\int_{|z|=1}\frac{f(z)}{z^{n+1}}dz = \frac{n!}{2\pi}\int_0^{2\pi}f(e^{i\theta})e^{-in\theta}d\theta$$

また(1)の式の共役複素数をとると

$$\int_0^{2\pi}\overline{f(e^{i\theta})}e^{-in\theta}d\theta = 0$$

となる．$\overline{f(e^{i\theta})} = 2u(e^{i\theta}) - f(e^{i\theta})$ より

$$2\int_0^{2\pi}u(e^{i\theta})e^{-in\theta}d\theta - \int_0^{2\pi}f(e^{i\theta})e^{-in\theta}d\theta = 0$$

したがって

$$f^{(n)}(0) = \frac{n!}{\pi}\int_0^{2\pi}u(e^{i\theta})e^{-in\theta}d\theta$$

演習 2 $g(x) = e^{f(x)}$ とおくと，平面全体で正則で

$$|g(z)| = |e^{f(z)}| = e^{\operatorname{Re} f(z)} \leqq e^M$$

より，リウヴィルの定理から $g(z)$ は定数となる．
$$g'(z) = f'(z)e^{f(z)} = 0$$
より $f'(z) = 0$ となり 2.1 節定理 5 より $f(z)$ は定数となる．

演習 3 $\mathrm{Re}\,\zeta \geqq 0$ のとき $|\zeta - 1| \leqq |\zeta + 1|$ だから (右図参照) $|w| = \left|\dfrac{\zeta - 1}{\zeta + 1}\right| \leqq 1$. したがって
$$g(z) = \frac{f(z) - 1}{f(z) + 1}$$
とすると，$\mathrm{Re}\,f(z) \geqq 0$ より，$|g(z)| \leqq 1$. また $g(0) = 0$ より，シュヴァルツの定理より $|g(z)| \leqq |z|$ となる．

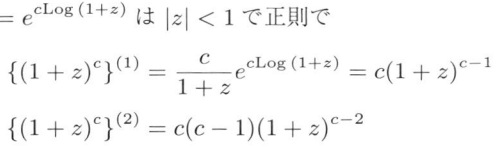

演習 4 $(1+z)^c = e^{c\mathrm{Log}\,(1+z)}$ は $|z| < 1$ で正則で
$$\{(1+z)^c\}^{(1)} = \frac{c}{1+z} e^{c\mathrm{Log}\,(1+z)} = c(1+z)^{c-1}$$
$$\{(1+z)^c\}^{(2)} = c(c-1)(1+z)^{c-2}$$
$$\vdots$$
$$\{(1+z)^c\}^{(n)} = c(c-1)\cdots(c-n+1)(1+z)^{c-n}$$
これらよりマクローリン級数の一般式より成り立つ．

演習 5 $D \ni a$ で $f(a) \neq 0$ とすると適当な $\delta > 0$ に対して $\{|z-a| < \delta\}$ は D に含まれ
$$|f(z)| > 0 \quad (|z-a| < \delta)$$
仮定より $g(z) = 0$ ($|z-a| < \delta$) から一致の定理より D 上で $g \equiv 0$ となる．

演習 6 最大値の原理より $\overline{D}$ で $|f(z)| \leqq M$ となる．$f(z) \neq 0$ が D で成り立つと，$1/f(z)$ は D で正則となり，最大値の原理より $\overline{D}$ 上で $1/|f(z)| \leqq 1/M$ となる．したがって D 上で $|f(z)| = M$ となり，$f(z)$ は定数となる．

第6章の解答

問題 1.1 （1） $|z|<1$ のとき $\dfrac{1}{(z-1)^2} = \sum_{n=1}^{\infty} nz^{n-1}$. したがって

$$f(z) = \frac{1}{z(z-1)^2} = \frac{1}{z} + \sum_{n=0}^{\infty}(n+2)z^n \quad (0<|z|<1)$$

（2） $|z|>1$ のとき, $\dfrac{1}{|z|}<1$ より, $\dfrac{1}{(z-1)^2} = \dfrac{1}{z^2(1-1/z)^2} = \dfrac{1}{z^2}\sum_{n=1}^{\infty}\dfrac{n}{z^{n-1}}$.

$$f(z) = \frac{1}{z(z-1)^2} = \sum_{n=1}^{\infty}\frac{n}{z^{n+2}} \quad (|z|>1)$$

（3） $0<|z-1|<1$ のとき, $\dfrac{1}{z} = \dfrac{1}{1-(1-z)} = \sum_{n=0}^{\infty}(1-z)^n = \sum_{n=0}^{\infty}(-1)^n(z-1)^n$

$$f(z) = \frac{1}{z(z-1)^2} = \frac{1}{(z-1)^2} - \frac{1}{(z-1)} + \sum_{n=0}^{\infty}(-1)^n(z-1)^n \quad (0<|z-1|<1)$$

問題 1.2 （1） $0<|z-1|<1$ のとき, $\dfrac{1}{z} = \dfrac{1}{1+(z-1)} = \sum_{n=0}^{\infty}(-1)^n(z-1)^n$ より

$$\frac{1}{z(z-1)} = \frac{1}{z-1} + \sum_{n=0}^{\infty}(-1)^{n+1}(z-1)^n \quad (0<|z-1|<1)$$

$1<|z-1|$ のとき $\dfrac{1}{z} = \dfrac{1}{(z-1)+1} = \dfrac{1}{z-1}\left(\dfrac{1}{1+1/(z-1)}\right) = \sum_{n=0}^{\infty}(-1)^n\dfrac{1}{(z-1)^{n+1}}$ より

$$\frac{1}{z(z-1)} = \sum_{n=0}^{\infty}(-1)^n\frac{1}{(z-1)^{n+2}}$$

（2） $\dfrac{3(z-1)}{z^3-z^2-2z} = \dfrac{1}{z}\dfrac{3(z-1)}{z^2-z-2} = \dfrac{1}{z}\left(\dfrac{1}{z-2}+\dfrac{2}{z+1}\right)$ と部分分数に分解する.

$0<|z|<1$ のとき, $\dfrac{1}{z-2} = -\dfrac{1}{2}\left(\dfrac{1}{1-z/2}\right) = -\dfrac{1}{2}\sum_{n=0}^{\infty}\left(\dfrac{z}{2}\right)^n$. また $\dfrac{1}{z+1} = \sum_{n=0}^{\infty}(-1)^n z^n$ より

$$\frac{3(z-1)}{z^3-z^2-2z} = \frac{3}{2}\frac{1}{z} + \sum_{n=0}^{\infty}\left(-\frac{1}{2^{2+n}}+(-1)^{n+1}2\right)z^n$$

$1 < |z| < 2$ のとき,$\dfrac{1}{z+1} = \displaystyle\sum_{n=1}^{\infty} \dfrac{(-1)^{n+1}}{z^n}$ より

$$\dfrac{3(z-1)}{z^3 - z^2 - 2z} = \sum_{n=2}^{\infty} \dfrac{2(-1)^n}{z^n} - \dfrac{1}{2}\dfrac{1}{z} - \sum_{n=0}^{\infty} \dfrac{z^n}{2^{n+1}}$$

$2 < |z| < \infty$ のとき,$\dfrac{1}{z-2} = \dfrac{1}{z}\displaystyle\sum_{n=0}^{\infty}\left(\dfrac{2}{z}\right)^n = \sum_{n=1}^{\infty}\dfrac{2^{n-1}}{z^n}$ より

$$\dfrac{3(z-1)}{z^3 - z^2 - 2z} = \dfrac{1}{z}\left(\sum_{n=1}^{\infty}\{(-1)^{n+1} + 2^{n-1}\}\dfrac{1}{z^n}\right) = \sum_{n=2}^{\infty}\{(-1)^n + 2^{n-2}\}\dfrac{1}{z^n}$$

問題 2.1 (1) $f(z) = z\cos\dfrac{1}{z}$ を $z = 0$ でローラン展開すると

$$f(z) = z\left(1 - \dfrac{1}{2!}\dfrac{1}{z^2} + \dfrac{1}{4!}\dfrac{1}{z^4} - \cdots\right) = z - \dfrac{1}{2!}\dfrac{1}{z} + \dfrac{1}{4!}\dfrac{1}{z^3} - \cdots$$

この主要部は $P(z,0) = -\dfrac{1}{2!}\dfrac{1}{z^2} + \dfrac{1}{4!}\dfrac{1}{z^4} - \cdots$ となり $z = 0$ は真性特異点となる.

(2) $f(z) = \dfrac{\mathrm{Log}\,(1+z)}{z^2}$ を $z = 0$ でローラン展開すると,5.2 例題 5 より

$$f(z) = \dfrac{1}{z^2}\left(z - \dfrac{z^2}{2} + \dfrac{z^3}{3} - \cdots\right) = \dfrac{1}{z} - \dfrac{1}{2} + \dfrac{z}{3} - \dfrac{z^3}{4} + \cdots$$

この主要部は $P(z,0) = \dfrac{1}{z}$ となり,$z = 0$ は 1 位の極となる.

(3) $f(z) = \dfrac{\tan z}{z}$ を $z = 0$ でローラン展開すると

$$f(z) = \dfrac{1}{z}\left(z + \dfrac{z^3}{3} + \dfrac{2}{15}z^5 + \cdots\right) = 1 + \dfrac{z^2}{3} + \dfrac{2}{15}z^4 + \cdots$$

この主要部は $P(z,0) = 0$ となり,$z = 0$ は除去可能な特異点となる.

問題 2.2 (1) $1 + e^z$ は $z = (2n+1)\pi i$ (n は整数) で 1 位の零点となる.$1 - e^{2(n+1)\pi i} = 2$ となり定理 5 より,$z = (2n+1)\pi i$ で 1 位の極となる.

(2) $f(z) = \dfrac{1-\cos z}{z}$ は $z \neq 0$ で正則で $z = 0$ でのローラン展開は

$$f(z) = \dfrac{1}{z^2}\left(\dfrac{z^2}{2!} - \dfrac{z^4}{4!} + \dfrac{z^6}{6!} - \cdots\right) = \dfrac{1}{2!} - \dfrac{z^2}{4!} + \dfrac{z^4}{6!} - \cdots$$

したがって $z = 0$ は除去可能な特異点となる.

(3) $\tan^2 z = \left(\dfrac{\sin z}{\cos z}\right)^2$ より $\cos z = 0$ となる $z = \left(n + \dfrac{1}{2}\right)\pi$ (n は整数) が特異点となる.また $\cos\left(z + \left(n + \dfrac{1}{2}\right)\pi\right) = (-1)^{n+1}\sin z$ より $z = \left(n + \dfrac{1}{2}\right)\pi$ は 1 位の零点となる.したがって $z = \left(n + \dfrac{1}{2}\right)\pi$ は $\tan^2 z$ の 2 位の極となる.

問題 3.1 (1) $g(z) = \dfrac{z}{e^z - 1} + \dfrac{z}{2}$ が，$g(-z) = g(z)$ をみたすことを示せばよい．

$$\frac{z}{e^z - 1} + \frac{z}{2} = \frac{z}{2} \cdot \frac{e^z + 1}{e^z - 1} = \frac{z}{2} \cdot \frac{e^{\frac{z}{2}} + e^{-\frac{z}{2}}}{e^{\frac{z}{2}} - e^{-\frac{z}{2}}}$$

と変形できることより明らかである．

(2) 例題 3 より，

$$\frac{z}{e^z - 1} = \sum_{n=0}^{\infty} \frac{b_n}{n!} z^n = 1 - \frac{z}{2} + \sum_{n=2}^{\infty} \frac{b_n}{n!} z^n$$

となる．これより

$$\frac{z}{e^z - 1} + \frac{z}{2} = 1 + \sum_{n=2}^{\infty} \frac{b_n}{n!} z^n$$

が成り立ち，左辺が偶関数だから，右辺の z^{2n+1} の係数は 0 となる．これより $b_{2n+1} = 0$ $(n \geq 1)$ となる．

問題 4.1 (1) $|z| > 2$ のとき $\dfrac{1}{z+2} = \dfrac{1}{z} \cdot \dfrac{1}{1 + 2/z} = \sum_{n=0}^{\infty} (-2)^n \dfrac{1}{z^{n+1}}$ となる．したがって，

$$\frac{z^2}{z+2} = z - 2 + \frac{2^2}{z} - \frac{2^3}{z^2} + \cdots \quad (|z| > 2)$$

これより $z = \infty$ は 1 位の極となる．

(2) $|z| > 1$ のとき $\dfrac{1}{(1-z)^2} = \dfrac{1}{z^2} \cdot \dfrac{1}{\left(1 - \frac{1}{z}\right)^2} = \dfrac{1}{z^2} \sum_{n=1}^{\infty} n \left(\dfrac{1}{z}\right)^{n-1}$

$$\frac{z^4}{(1-z)^2} = z^2 + 2z + \sum_{n=0}^{\infty} \frac{n+3}{z^n} \quad (|z| > 1)$$

これより $z = \infty$ は 2 位の極となる．

(3) $\sinh \zeta = \sum_{n=0}^{\infty} \dfrac{1}{(2n+1)!} \zeta^{2n+1}$ より

$$z \sinh \frac{1}{z} = \sum_{n=0}^{\infty} \frac{1}{(2n+1)!} \frac{1}{z^{2n}} \quad (|z| > 0)$$

これより $z = \infty$ は除去可能な特異点となる．

問題 4.2 (1) $f(z)$ は $z = \infty$ で正則より $|z| > R$ で有界となる．また $f(z)$ は $|z| \leq R$ で正則だから連続となり有界で，全平面で有界となる．したがってリウヴィルの定理より $f(z)$ は $\boldsymbol{C}$ で定数 C となる．$f(z)$ は $z = \infty$ で連続だから $f(\infty) = C$．つまり $\boldsymbol{C}_\infty$ で $f(z) \equiv C$ となる．

問題 5.1 （1） $f(z) = \dfrac{\cos z}{z(z-2i)}$ は $z = 0, 2i$ 以外で正則より，これら 2 点が特異点となる．定理 7 より

$$\mathrm{Res}\,(0) = \lim_{z \to 0} z f(z) = \lim_{z \to 0} \frac{\cos z}{z - 2i} = \frac{1}{-2i} = \frac{i}{2}$$

$$\mathrm{Res}\,(2i) = \lim_{z \to 2i} (z - 2i)\, f(z) = \lim_{z \to 2i} \frac{\cos z}{z} = \frac{\cos 2i}{2i} = -\frac{i}{4}(e^{-2} + e^2)$$

（2） $z^3 + 8 = 0$ より $-2, 1 \pm \sqrt{3}i$ が $f(z) = z/(z^3 + 8)$ の特異点となる．定理 7 を用いると

$$\mathrm{Res}\,(-2) = -\frac{1}{6}, \quad \mathrm{Res}\,(1 \pm \sqrt{3}i) = \frac{1}{3(1 \pm \sqrt{3}i)} = \frac{1 \mp \sqrt{3}i}{12}$$

（3） $\cos z = 0$ より $z = \left(\dfrac{1}{2} + n\right)\pi$ （n は整数），が特異点．定理 8 より

$$\mathrm{Res}\,\left(\left(\frac{1}{2} + n\right)\pi\right) = \frac{\sin\left(\dfrac{1}{2} + n\pi\right)}{-\sin\left(\dfrac{1}{2} + n\pi\right)} = -1$$

問題 5.2 （1） $z = 0$ におけるテーラー展開を用いると，ある正則関数 $h(z)$ に対して $\cosh z - \cos z = z^2 + z^6 h(z)$ と表せる．したがって定理 7 より

$$\mathrm{Res}\,(0) = \lim_{z \to 0} \frac{z^2}{\cosh z - \cos z} = 1$$

（2） $z = 0$ は 2 位の極だから，定理 7 を用いる．$e^z - 1 - ze^z = -\dfrac{1}{2}z^2 + z^3 h(z)$ （$h(z)$ は正則）と書けるから，

$$\mathrm{Res}\,(0) = \frac{1}{1!} \lim_{z \to 0} \frac{d}{dz}\left(\frac{z}{e^z - 1}\right) = \lim_{z \to 0} \frac{e^z - 1 - ze^z}{(e^z - 1)^2}$$

$$= \lim_{z \to 0} \frac{-\dfrac{1}{2} + zh(z)}{\left(\dfrac{e^z - 1}{z}\right)^2} = -\frac{1}{2}$$

問題 5.3 $f(z) = \dfrac{z^2}{(z-1)^3}$ より，$\dfrac{f'(z)}{f(z)} = \dfrac{2}{z} - \dfrac{3}{z-1}$．これより $z = 0, 1$ が特異点で 1 位の極となる．定理 7 より留数を求めると，

$$\mathrm{Res}\,(0) = \lim_{z \to 0} z \frac{f'(z)}{f(z)} = 2, \quad \mathrm{Res}\,(1) = \lim_{z \to 1} (z-1) \frac{f'(z)}{f(z)} = -3$$

問題 6.1 （1） $f(z) = \dfrac{z+1}{z^2 - 2z}$ の特異点は 0 と 2 で，ともに円 $|z - i| = 3$ の内部にある．定理 7 より

$$\mathrm{Res}\,(0) = \lim_{z \to 0} z f(z) = -\frac{1}{2}, \quad \mathrm{Res}\,(2) = \lim_{z \to 2} (z-2) f(z) = \frac{3}{2}$$

したがって留数定理より

$$\int_{|z-i|=3} f(z)\,dz = 2\pi i \left\{\text{Res}\,(0) + \text{Res}\,(2)\right\} = 2\pi i$$

(2)　$f(z) = \dfrac{\cos z}{(z+1)^2(z-2)}$ の特異点は -1 と 2 で，ともに円 $|z|=3$ の内部にある．

$$\text{Res}\,(-1) = \lim_{z\to -1}\frac{d}{dz}(z+1)^2 f(z) = \frac{3\sin(-1)-\cos(-1)}{9} = \frac{-3\sin 1 - \cos 1}{9}$$

$$\text{Res}\,(2) = \lim_{z\to 2}(z-2)f(z) = \frac{\cos 2}{9}$$

これらより，留数定理から

$$\int_{|z|=3} f(z)\,dz = 2\pi i\left\{\text{Res}\,(-1) + \text{Res}\,(2)\right\} = \frac{2\pi i}{9}(\cos 2 - 3\sin 1 - \cos 1)$$

(3)　$f(z) = ze^{\frac{1}{z}}$ の特異点は $z=0$．この点でのローラン展開は

$$f(z) = z + 1 + \frac{1}{2!}\frac{1}{z} + \cdots \quad (0 < |z| < \infty)$$

となり $\text{Res}\,(0) = \dfrac{1}{2}$ となる．これより留数定理から

$$\int_{|z|=1} f(z)\,dz = 2\pi i\,\text{Res}\,(0) = \pi i$$

問題 6.2　$f(z) = (z-a)^3(z-b)^4$ より，$\dfrac{f'(z)}{f(z)} = \dfrac{3}{z-a} + \dfrac{4}{z-b}$ となる．この式は $z=a,b$ を特異点とし $\text{Res}\,(a) = 3$, $\text{Res}\,(b) = 4$ である．よって留数定理より

$$\int_C \frac{f'(z)}{f(z)}\,dz = 2\pi i(3+4) = 14\pi i$$

問題 7.1　(1)　$z = e^{i\theta}$ とおくと，$\sin\theta = \dfrac{1}{2i}\left(z - \dfrac{1}{z}\right)$, $d\theta = \dfrac{1}{iz}\,dz$ より，

$$I = \int_0^{2\pi} \frac{1}{2+\sin\theta}\,d\theta = \int_{|z|=1} \frac{2}{z^2 + 4iz - 1}\,dz$$

$z^2 + 4iz - 1 = 0$ の根は $z = (-2\pm\sqrt{3})i$．これより $f(z) = \dfrac{2}{z^2+4iz-1}$ の単位円内の特異点は，$a = (-2+\sqrt{3})i$ となる．6.3 節定理 7 より

$$\text{Res}\,(-2+\sqrt{3})i = \lim_{z\to -2+\sqrt{3}i}(z+2-\sqrt{3})if(z) = \frac{1}{\sqrt{3}i}$$

となり

$$I = 2\pi i\,\text{Res}\,(-2+\sqrt{3})i = \frac{2\pi}{\sqrt{3}}$$

(2) $z = e^{i\theta}$ とおくと，$\cos\theta = \dfrac{1}{2}\left(z + \dfrac{1}{z}\right)$, $d\theta = \dfrac{1}{iz}\,dz$ より，

$$I = \int_0^{2\pi} \frac{2\cos\theta}{17 - 8\cos\theta}\,d\theta = \int_{|z|=1} \frac{z^2 + 1}{iz(17z - 4z^2 - 4)}\,dz$$

$$= \int_{|z|=1} \frac{z^2 + 1}{iz(1 - 4z)(z - 4)}\,dz$$

単位円内の特異点 0, 1/4 の留数は

$$\text{Res}\,(0) = \lim_{z \to 0} \frac{z^2 + 1}{i(1 - 4z)(z - 4)} = -\frac{1}{4i}, \quad \text{Res}\,\left(\frac{1}{4}\right) = \lim_{z \to 1/4} \frac{z^2 + 1}{-4iz(z - 4)} = \frac{17}{60i}$$

これより $I = 2\pi i \left\{ \text{Res}\,(0) + \text{Res}\,\left(\dfrac{1}{4}\right) \right\} = \dfrac{\pi}{15}$.

問題 7.2 (1) $z = e^{i\theta}$, $2\cos\theta = z + \dfrac{1}{z}$, $d\theta = \dfrac{1}{iz}\,dz$ より

$$\int_0^{2\pi} \frac{1}{1 - 2a\cos\theta + a^2}\,d\theta = \int_{|z|=1} \frac{1}{i(1 - az)(z - a)}\,dz$$

$$= 2\pi i\,\text{Res}\,(a) = \frac{2\pi i}{i(1 - a^2)} = \frac{2\pi}{1 - a^2}$$

(2) $z = e^{2i\theta}$ とおくと，$\cos 2\theta = \dfrac{1}{2}\left(z + \dfrac{1}{z}\right)$, $\sin^2\theta = \dfrac{1}{2}(1 - \cos 2\theta)$, $d\theta = \dfrac{dz}{2iz}$ より

$$I = \int_0^{\pi} \frac{1}{a^2 + \sin^2\theta}\,d\theta = \frac{2}{i} \int_{|z|=1} \frac{dz}{(4a^2 + 2)z - z^2 - 1}$$

$(4a^2 + 2)z - z^2 - 1 = 0$ の根は $z = 1 + 2a^2 \pm 2a\sqrt{a^2 + 1}$ となる．
$f(z) = \dfrac{1}{(4a^2 + 2)z - z^2 - 1}$ の単位円内の特異点は $\alpha = 1 + 2a^2 - 2a\sqrt{a^2 + 1}$. したがって

$$I = \frac{2}{i} \int_{|z|=1} f(z)\,dz = 4\pi\,\text{Res}\,(\alpha) = \frac{\pi}{a\sqrt{a^2 + 1}}$$

問題 8.1 (1) $z^6 + 1 = 0$ の根で上半平面にあるのは $a_1 = e^{i\pi/6}$, $a_2 = e^{i\pi/2}$, $a_3 = e^{i5\pi/6}$ となる．これらの点で $f(z) = \dfrac{z^4}{z^6 + 1}$ は 1 位の極となるから

$$\text{Res}\,(a_1) = \frac{a_1^4}{6a_1^5} = \frac{1}{6}e^{-i\pi/6} = \frac{1}{12}(\sqrt{3} - i)$$

$$\text{Res}\,(a_2) = \frac{1}{6}e^{-i\pi/2} = -\frac{i}{6}$$

$$\text{Res}\,(a_3) = \frac{1}{6}e^{-i5\pi/6} = \frac{-1}{12}(\sqrt{3} + i)$$

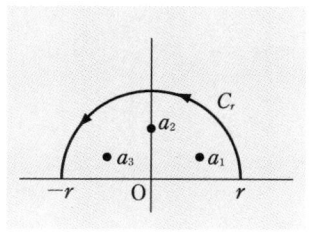

図のような半円を C_r とすると，留数定理より

$$\int_{-r}^{r} \frac{x^4}{x^6+1}\, dx + \int_{C_r} \frac{z^4}{z^6+1}\, dz = 2\pi i\, \{\mathrm{Res}\,(a_1) + \mathrm{Res}\,(a_2) + \mathrm{Res}\,(a_3)\} = \frac{2}{3}\pi$$

C_r 上では $|z| = r$ より，

$$\left| \int_{C_r} \frac{z^4}{z^6+1}\, dz \right| \leq \int_{C_r} \frac{r^4}{r^6-1}\, |dz| = \frac{\pi r^5}{r^6-1} \to 0 \quad (r \to \infty)$$

これより

$$\int_{-\infty}^{\infty} \frac{x^4}{x^6+1}\, dx = \lim_{r \to \infty} \int_{-r}^{r} \frac{x^4}{x^6+1}\, dx = \frac{2}{3}\pi$$

(2) $z^4 + 6z^2 + 8 = (z^2+4)(z^2+2) = 0$ の根で上半平面にあるのは $a_1 = \sqrt{2}i$, $a_2 = 2i$ となる．これらの点で $f(z) = \dfrac{1}{z^4 + 6z^2 + 8}$ は 1 位の極を持つから

$$\mathrm{Res}\,(a_1) = \frac{1}{4a_1^3 + 12a_1} = \frac{1}{4\sqrt{2}i}$$

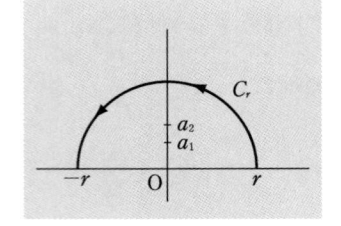

$$\mathrm{Res}\,(a_2) = \frac{1}{4a_2^3 + 12a_2} = -\frac{1}{8i}$$

図のような半円を C_r とすると

$$\int_{-r}^{r} \frac{1}{x^4+6x^2+8}\, dx + \int_{C_r} \frac{1}{z^4+6z^2+8}\, dz = 2\pi i\{\mathrm{Res}\,(a_1) + \mathrm{Res}\,(a_2)\} = \frac{\sqrt{2}-1}{4}\pi$$

C_r 上では $|z| = r$ より $|z^4 + 6z^2 + 8| = |(z^2+2)||z^4+4| \geq (r^2-2)(r^4-4)$ に注意すると

$$\left| \int_{C_r} \frac{1}{z^4+6z^2+8}\, dz \right| \leq \frac{\pi r}{(r^2-2)(r^4-4)} \to 0 \quad (r \to \infty)$$

したがって

$$\int_{-\infty}^{\infty} \frac{1}{x^4+6x^2+8}\, dx = \lim_{r \to \infty} \int_{-r}^{r} \frac{1}{x^4+6x^2+8}\, dx = \frac{\sqrt{2}-1}{4}\pi$$

問題 8.2 $z^{2n} + 1 = 0$ の根で上半平面にあるのは $a_0 = e^{i\pi/2n}$, $a_1 = e^{i3\pi/2n}, \cdots, a_{n-1} = e^{i(2n-1)\pi/2n}$ となる．これらの点で $f(z) = \dfrac{1}{z^{2n}+1}$ は 1 位の極を持つから，

$$\mathrm{Res}\,(a_k) = \frac{1}{2na_k^{2n-1}} = \frac{a_k}{2na_k^{2n}} = -\frac{a_k}{2n} \quad (k = 0, 1, \cdots, n-1)$$

半径 $r(>1)$ の上半円を C_r とすると

$$I_r = \int_{-r}^{r} \frac{1}{x^{2n}+1}\, dx + \int_{C_r} \frac{1}{z^{2n}+1}\, dz = 2\pi i \sum_{k=0}^{n-1} \mathrm{Res}\,(a_k) = -\frac{\pi i}{n} \sum_{k=0}^{n-1} a_k$$

また
$$\sum_{k=0}^{n-1} a_k = e^{i\pi/2n}(1 + e^{i\pi/n} + \cdots + e^{i(n-1)\pi/n}) = e^{i\pi/2n}\frac{2}{1 - e^{i\pi/n}} = -\frac{1}{i\sin(\pi/2n)}$$

より $I_r = \dfrac{\pi}{n\sin(\pi/2n)}$ となる．一方 C_r 上では $|z| = r$ より

$$\left|\int_{C_r} \frac{1}{z^{2n}+1}\,dz\right| \leq \frac{\pi r}{r^{2n}-1} \to 0 \quad (r \to \infty)$$

これより

$$\int_0^\infty \frac{1}{x^{2n}+1}\,dx = \frac{1}{2}\int_{-\infty}^\infty \frac{1}{x^{2n}+1}\,dx = \lim_{r\to\infty}\frac{1}{2}I_r = \frac{\pi}{2n\sin(\pi/2n)}$$

問題 9.1 （1） $z^4 + 1 = 0$ の根で上半平面にあるものは，$a_1 = e^{i\pi/4}$，$a_2 = e^{i3\pi/4}$ である．これらはともに $f(z) = \dfrac{e^{iz}}{z^4+1}$ の 1 位の極となり，留数は 6.3 節定理 8 から

$$\mathrm{Res}\,(a_1) = \frac{e^{ia_1}}{4a_1^3} = -\frac{a_1}{4}e^{ia_1} = -\frac{1+i}{4\sqrt{2}}e^{(i-1)/\sqrt{2}}$$

$$\mathrm{Res}\,(a_2) = \frac{e^{ia_2}}{4a_2^3} = -\frac{a_2}{4}e^{ia_2} = \frac{1-i}{4\sqrt{2}}e^{(-i-1)/\sqrt{2}}$$

ここで半径 $r(>1)$ の上半円を C_r とすると

$$\int_{-r}^r f(x)\,dx + \int_{C_r} f(z)\,dz = 2\pi i\{\mathrm{Res}\,(a_1) + \mathrm{Res}\,(a_2)\} = \frac{\pi}{\sqrt{2}}\left(\sin\frac{1}{\sqrt{2}} + \cos\frac{1}{\sqrt{2}}\right)e^{\frac{-1}{\sqrt{2}}}$$

また例題 9 (1) と同様にして

$$\left|\int_{C_r} f(z)\,dz\right| = \left|\int_{C_r}\frac{e^{iz}}{z^4+1}\,dz\right| \leq \frac{\pi r}{r^4-1} \to 0 \quad (r\to\infty)$$

となり

$$\int_{-\infty}^\infty \frac{e^{ix}}{x^4+1}\,dx = \frac{\pi}{\sqrt{2}}\left(\sin\frac{1}{\sqrt{2}} + \cos\frac{1}{\sqrt{2}}\right)e^{-1/\sqrt{2}}$$

$e^{ix} = \cos x + i\sin x$ より上の式の実部をとって

$$\int_{-\infty}^\infty \frac{\cos x}{x^4+1}\,dx = \frac{\pi}{\sqrt{2}}\left(\sin\frac{1}{\sqrt{2}} + \cos\frac{1}{\sqrt{2}}\right)e^{-1/\sqrt{2}}$$

（2） $z^2 + z + 1 = 0$ の上半平面にある根は，$a = \dfrac{-1+\sqrt{3}i}{2}$ である．この点で $f(z) = \dfrac{e^{2iz}}{z^2+z+1}$ は 1 位の極をとり，6.3 節定理 8 より留数は

$$\mathrm{Res}\,(a) = \frac{e^{2ia}}{2a+1} = \frac{1}{\sqrt{3}i}e^{(-i-\sqrt{3})}$$

半径 $r(>1)$ の上半円を C_r とすると，
$$\int_{-r}^{r} f(x)\,dx + \int_{C_r} f(z)\,dz = 2\pi i \mathrm{Res}\,(a) = \frac{2\pi}{\sqrt{3}} e^{(-i-\sqrt{3})}$$
また，$|z^2+z+1| \geqq |z^2| - |z+1| \geqq |z^2| - |z| - 1 = r^2 - r - 1$ より
$$\left|\int_{C_r} f(z)\,dz\right| = \left|\int_{C_r} \frac{e^{2iz}}{z^2+z+1}\,dz\right| \leq \int_{C_r} \frac{|e^{2iz}|}{|z^2+z+1|}\,|dz|$$
$$\leq \frac{\pi r}{r^2-r-1} \to 0 \quad (r \to \infty)$$
となる．したがって
$$\int_{-\infty}^{\infty} \frac{e^{2ix}}{x^2+x+1}\,dx = \frac{2\pi}{\sqrt{3}} e^{-i-\sqrt{3}} = \frac{2\pi}{\sqrt{3}} e^{-\sqrt{3}}(\cos 1 - i\sin 1)$$
$e^{2ix} = \cos 2x + i\sin 2x$ として，両辺の虚部をとって
$$\int_{-\infty}^{\infty} \frac{\sin 2x}{x^2+x+1}\,dx = -\frac{2\pi}{\sqrt{3}} e^{-\sqrt{3}} \sin 1$$

問題 9.2 $z^2 + a^2 = 0$ の上半平面にある根は，$z = \alpha = ia$ となる．この点で $f(z) = \dfrac{ze^{iz}}{z^2+a^2}$ は1位の極をとり，6.3節定理8よりその点での留数は
$$\mathrm{Res}\,(\alpha) = \frac{\alpha e^{i\alpha}}{2\alpha} = \frac{e^{-a}}{2}$$

半径 $r(>a)$ の上半円を C_r とすると，
$$\int_{-r}^{r} f(x)\,dx + \int_{C_r} f(z)\,dz = 2\pi i \mathrm{Res}\,(\alpha) = \pi e^{-a} i$$
$r > \sqrt{2}a$ のとき，C_r 上の点 z に対して，$|z^2+a^2| \geqq |z|^2 - |a|^2 = r^2 - a^2 > r^2/2$ より $\left|\dfrac{z}{z^2+a^2}\right| < \dfrac{2}{r}$．ゆえに4章例3より
$$\left|\int_{C_r} f(z)\,dz\right| \to 0 \quad (r \to \infty)$$
また
$$\int_{-r}^{r} f(x)\,dx = \int_{0}^{r} \{f(x)+f(-x)\}\,dx = \int_{0}^{r} \frac{x}{x^2+a^2}(e^{ix} - e^{-ix})\,dx$$
$$= 2i \int_{0}^{r} \frac{x}{x^2+a^2} \sin x\,dx$$
となるから
$$\int_{0}^{\infty} \frac{x\sin x}{x^2+a^2}\,dx = \frac{\pi}{2} e^{-a}$$

問題 10.1　$a = \dfrac{1}{2}$, $R(z) = \dfrac{1}{z(z+1)^2}$ とおくと，$z = 0$ が 1 位の極，$z = -1$ が 2 位の極となる．$\sqrt{z}R(z)$ も $z = -1$ で 2 位の極をもち，その点での留数は

$$\mathrm{Res}\,(\sqrt{z}R(z), -1) = \lim_{z \to -1} \dfrac{d}{dz}\{(z+1)^2 \sqrt{z}R(z)\} = \lim_{z \to -1}\left(\dfrac{1}{\sqrt{z}}\right)'$$

$$= \lim_{z \to -1} \dfrac{-1}{2(\sqrt{z})^3} = \dfrac{1}{2i}$$

定理 16 より積分を求めると

$$\int_0^\infty \dfrac{1}{\sqrt{x}(x+1)^2}\,dx = \dfrac{2\pi i}{1 - e^{\pi i}}\,\mathrm{Res}\,(\sqrt{z}R(z), -1) = \pi i \cdot \dfrac{1}{2i} = \dfrac{\pi}{2}$$

問題 11.1　(1)　$f(z) = 8z$, $g(z) = z^9 - 2z^6 - 2$ とおく．

$$|f(z)| = 8 > 1 + 2 + 2 \geqq |z^9| + |2z^6| + 2 \geqq |g(z)| \quad (|z| = 1)$$

これよりルーシェの定理より，$f(z)$ と $f(z) + g(z)$ は単位円内に同じ個数の零点をもつ．$f(z) = 8z$ は 1 個の零点をもつから $f(z) + g(z) = z^9 - 2z^6 + 8z - 2$ も 1 個の零点をもつ．

(2)　$f(z) = 5z$, $g(z) = z^4 + 1$ とおくと，$|f(z)| > |g(z)|$ $(|z| = 1)$ より，ルーシェの定理から $5z$ と $z^4 + 5z + 1$ は $|z| < 1$ で同数の零点 1 個をもつことがわかる．

(3)　$f(z) = -5z^4$, $g(z) = z^6 + z^3 - 2z$ とおくと $|f(z)| > |g(z)|$ $(|z| = 1)$ より，ルーシェの定理から，$-5z^4$ と $z^6 - 5z^4 + z^3 - 2z$ は $|z| < 1$ で同数の零点 4 個をもつ．

問題 11.2　$g(z) = e^z/a$ とおく $|a| > e$ より，

$$|g(z)| = \dfrac{|e^z|}{|a|} \leqq \dfrac{e^{|z|}}{|a|} < \dfrac{e}{e} = 1 = |z^n| \quad (|z| = 1)$$

これよりルーシュ定理から $g(z) - z^n$ と z^n の $|z| < 1$ での零点の個数は等しい．したがって $e^z/a - z^n = 0$ は $|z| < 1$ に n 個の根をもつ．

問題 11.3　$f(z) = -z$ とおく．$|z| = 1$ で $|f(z)| = 1 > |g(z)|$ より，ルーシェの定理から $g(z) + f(z) = g(z) - z$ は $f(z)$ と同じ個数の零点 1 個をもつ．$g(z) - z$ の零点は不動点である．

問題 12.1　(1)　$f(z)$ の $|z| < 5$ における零点の個数 N は $\cos z = 0$ より $\pm\dfrac{\pi}{2}, \pm\dfrac{3}{2}\pi$ の 4 個また極の数 P は 6 個となる．したがって

$$\dfrac{1}{2\pi i}\int_C \dfrac{f'(z)}{f(z)}\,dz = N - P = -2$$

(2)　$f(z)$ の $|z| < 4$ における零点の個数 N は (重複度を含めて) 4 個，また極の数 P は 6 個となる．したがって

$$\dfrac{1}{2\pi i}\int_C \dfrac{f'(z)}{f(z)}\,dz = N - P = -2$$

問題 12.2 $f(z) = (z-a_j)^{k_j} h(z)$ と表す．ただし $h(z)$ は a_j で正則で $h(a_j) \neq 0$ とする．

$$z^n \frac{f'(z)}{f(z)} = \frac{z^n k_j}{z - a_j} + \frac{z^n h'(z)}{h(z)}$$

となるから a_j での留数を求めると ($a_j = 0$ となるとき $z^n f'(z)/f(z)$ はその点で正則となり留数は 0 となる．)

$$R\left(z^n \frac{f'(z)}{f(z)}, a_j\right) = k_j a_j^n$$

となる．また $f(z)$ の零点以外では $z^n \dfrac{f'(z)}{f(z)}$ は正則となり，これらより留数定理から，

$$\frac{1}{2\pi i} \int_C z^n \frac{f'(z)}{f(z)} \, dz = k_1 a_1^n + k_2 a_2^n + \cdots + k_p a_p^n$$

問題 13.1 $f(z)$ を $z = a$ でテーラー展開すると

$$f(z) = \alpha + (z-a)^p g(z), \quad g(z) = \frac{f^{(p)}(a)}{p!} + \frac{f^{(p+1)}(a)}{(p+1)!}(z-a) + \cdots$$

$g(a) \neq 0$ で $g(z)$ は $z = a$ で連続より，$|z-a| \leq \varepsilon$ のとき $|g(z)| \geq \dfrac{1}{2}|g(a)|$ とできる．$\delta = \varepsilon^p \dfrac{|g(a)|}{4}$ とおき，$U_\delta(\alpha) \ni w$ とする．$|z-a| = \varepsilon$ 上で

$$|f(z) - \alpha| = |(z-a)^p g(z)| = \varepsilon^p |g(z)| \geq \varepsilon^p \frac{|g(a)|}{2} > \delta$$

したがって $|w - \alpha| < \delta$ よりルーシェの定理から $f(z) - \alpha = 0$ と $f(z) - w = f(z) - \alpha + (\alpha - w) = 0$ は $|z-a| < \varepsilon$ に同数の根をもつ．$f(z) - \alpha$ は $z = a$ を p 重根とし，他では根をもたないから $f(z) - w = 0$ は $U_\varepsilon(a)$ に p 個の根をもつ．

第 6 章演習問題

演習 1 (1) $1 + w = \dfrac{z}{z-a}$ より $(z-a)^3 (1+w)^3 = z^3$ となる．

(2) $|z - a| > |a|$ で $|w| < 1$．

$$\frac{1}{(1+w)^3} = \sum_{n=2}^{\infty} \frac{n(n-1)}{2}(-w)^{n-2} = \sum_{n=2}^{\infty} \frac{n(n-1)(-a)^{n-2}}{2(z-a)^{n-2}}$$

これより (1) から

$$f(z) = \frac{1}{z^3} = \frac{1}{(z-a)^3(1+w)^3} = \sum_{n=2}^{\infty} \frac{n(n-1)(-a)^{n-2}}{2(z-a)^{n+1}} \quad (|z-a| > |a|)$$

演習 2 $f(z) = \dfrac{z^3}{z^2+1} = \dfrac{z^3}{(z+i)(z-i)}$ より，$z = 0$ が 3 位の零点，$z = i, -i$ がともに 1 位の極である．$z = 1/\zeta$ とおくと

$$g(\zeta) = f\left(\frac{1}{\zeta}\right) = \frac{\zeta^{-3}}{\zeta^{-2}+1} = \frac{1}{\zeta(1+\zeta^2)}$$

より，$\zeta = 0$ は $g(\zeta)$ の 1 位の極となり，$z = \infty$ は $f(z)$ の 1 位の極となる．以上より，零点，極の位数の総和はともに 3 となる．

演習 3 （1） $f(z) = \dfrac{1}{(z^2+1)^2}$ の上半平面にある特異点は $z = i$ で 2 位の極である．そこでの留数は

$$\text{Res}\,(i) = \lim_{z \to i} \frac{d}{dz}\{(z-i)^2 f(z)\} = \lim_{z \to i} \left(\frac{1}{(z+i)^2}\right)' = \lim_{z \to i} \frac{-2}{(z+i)^3} = -\frac{i}{4}$$

これより 6.4 節定理 12 から，

$$\int_{-\infty}^{\infty} \frac{1}{(x^2+1)^2}\,dx = 2\pi i\,\text{Res}\,(i) = 2\pi i \left(-\frac{i}{4}\right) = \frac{\pi}{2}$$

（2） $f(z) = \dfrac{e^{iz}}{(z^2+1)^2}$ の上半平面にある特異点は $z = i$ で，2 位の極である．そこでの留数は

$$\text{Res}\,(i) = \lim_{z \to i} \frac{d}{dz}\{(z-i)^2 f(z)\} = \lim_{z \to i} \left(\frac{e^{iz}}{(z+i)^2}\right)'$$
$$= \lim_{z \to i} \left(\frac{ie^{iz}}{(z+i)^2} - \frac{2e^{iz}}{(z+i)^3}\right) = -\frac{i}{2e}$$

これより 6.4 節定理 13 から，

$$\int_{-\infty}^{\infty} \frac{e^{ix}}{(x^2+1)^2}\,dx = 2\pi i\,\text{Res}\,(i) = 2\pi i\left(-\frac{i}{2e}\right) = \frac{\pi}{e}$$

実部をとって

$$\int_{-\infty}^{\infty} \frac{\cos x}{(x^2+1)^2}\,dx = \frac{\pi}{e}$$

演習 4 単位円 $|z| = 1$ 上で $z = e^{i\theta}$，$dz = ie^{i\theta}d\theta = iz\,d\theta$ および

$$\cos\theta = \frac{1}{2}\left(z + \frac{1}{z}\right), \quad a + b\cos\theta = \frac{2az + b(z^2+1)}{2z}$$

となるから

$$\int_0^{2\pi} \frac{1}{(a+b\cos\theta)^2}d\theta = \int_{|z|=1} \frac{-4iz}{(bz^2+2az+b)^2}dz$$

2 次方程式 $bz^2 + 2az + b = 0$ の根を α, β とすると

$$\alpha = \frac{-a + \sqrt{a^2-b^2}}{b}, \quad \beta = \frac{-a - \sqrt{a^2-b^2}}{b}, \quad |\alpha| < 1, \quad |\beta| > 1$$

$$f(z) = \frac{-4iz}{(bz^2+2az+b)^2} = \frac{-4iz}{b^2(z-\alpha)^2(z-\beta)^2}$$

の α における留数を計算すると,

$$\mathrm{Res}\,(\alpha) = \lim_{z \to \alpha} \frac{d}{dz}\{(z-\alpha)^2 f(z)\} = \lim_{z \to \alpha}\left(\frac{-4iz}{b^2(z-\beta)^2}\right)'$$
$$= -\frac{4i}{b^2}\lim_{z \to \alpha}\left(\frac{1}{(z-\beta)^2} - \frac{2z}{(z-\beta)^3}\right) = \frac{4i(\alpha+\beta)}{b^2(\alpha-\beta)^3} = -i\frac{a}{(\sqrt{a^2-b^2})^3}$$

これより留数定理から

$$\int_0^{2\pi}\frac{1}{(a+b\cos\theta)^2}\,d\theta = 2\pi i\,\mathrm{Res}\,(\alpha) = \frac{2\pi a}{(\sqrt{a^2-b^3})^3}$$

演習 5　$R(z)=1/z$ は $z=0$ で 1 位の極をもつ. 6.4 節定理 15 より

$$\mathrm{P.V.}\int_{-\infty}^{\infty}\frac{e^{ix}}{x}\,dx = \pi i\,\mathrm{Res}\left(\frac{e^{iz}}{z},0\right) = \pi i$$

この式の両辺の虚部をとって 2 で割れば $\dfrac{\sin x}{x}$ は偶関数より

$$\int_0^{\infty}\frac{\sin x}{x}\,dx = \frac{\pi}{2}$$

演習 6　$w = \dfrac{z-a_j}{1-\bar{a}_j z}$ は $|z|<1$ を $|w|<1$ に写像する 1 次関数で円周 $|z|=1$ は円周 $|w|=1$ へうつる. $f(z) = \dfrac{(z-a_1)\cdots(z-a_n)}{(1-\bar{a}_1 z)\cdots(1-\bar{a}_n z)}$, $g(z) = -a$ とおく. $|z|=1$ のとき

$$|f(z)| = \left|\frac{z-a_1}{1-\bar{a}_1 z}\right|\cdot\cdots\cdot\left|\frac{z-a_n}{1-\bar{a}_n z}\right| = 1 > |(-a)| = |g(z)| \qquad (|z|=1)$$

よりルーシェの定理より, $f(z)=0$ と $f(z)+g(z)=0$ は同数の根をもつ. $f(z)=0$ の根は $z=a_1,\cdots,a_n$ の n 個より $f(z)+g(z)=0$ も $|z|<1$ で n 個の根をもつ.

演習 7　$z=\infty$ が真性特異点でないとする. $z=1/\zeta$ とすると $f(1/\zeta)$ は $\zeta=0$ で正則となるか極となる. したがって $\lim_{\zeta \to 0} f(1/\zeta)$ が存在するか $\lim_{\zeta \to 0} f(1/\zeta) = \infty$ となる. 一方 $f(z)$ は定数でないから, $f(0) \neq f(b)$ となる b が存在する. 仮定より

$$\lim_{n \to \infty} f(na) = f(0), \quad \lim_{n \to \infty} f(b+na) = f(b)$$

また $\zeta_n = \dfrac{1}{na}$, $\zeta_n' = \dfrac{1}{na+b}$ とおくと, $\zeta_n \to 0$, $\zeta_n' \to 0$ となる. したがって $f(1/\zeta_n) \to f(0)$, $f(1/\zeta_n') \to f(b)$ より不合理となり, $z=\infty$ は $f(z)$ の真性特異点となる.

第7章の解答

問題 1.1 （1） $w = \sin z = (e^{iz} - e^{-iz})/2i$ は $\zeta = iz, \lambda = e^\zeta, w = \dfrac{1}{2i}\left(\lambda - \dfrac{1}{\lambda}\right)$ の合成写像となる．λ 平面の単位円の右半円は $v = \lambda - 1/\lambda$ で w 平面の $\{\operatorname{Re} v < 0\}$ にうつるから

$$D \xrightarrow{\zeta} \{\zeta;\ |\operatorname{Im}\zeta| < \pi/2,\ \operatorname{Re}\zeta < 0\} \xrightarrow{\lambda} \{\lambda;\ |\lambda| < 1,\ \operatorname{Re}\lambda > 0\}$$
$$\xrightarrow{w} \{w; \operatorname{Im} w > 0\}$$

となり求める領域は $\{w;\ \operatorname{Im} w > 0\}$ となる．

（2） $w = \operatorname{Log} \dfrac{z+i}{z-i}$ は $\zeta = \dfrac{z+i}{z-i}$ と $w = \operatorname{Log}\zeta$ の合成写像である．1次写像 $\zeta = \dfrac{z+i}{z-i}$ によって右半平面 $\{z; \operatorname{Re} z > 0\}$ は上半平面 $\{\zeta; \operatorname{Im}\zeta > 0\}$ へうつる．

$$D \xrightarrow{\zeta} \{\zeta; \operatorname{Im}\zeta > 0\} \xrightarrow{w} \{w; 0 < \operatorname{Im} w < \pi\}$$

より求める領域は $\{w; 0 < \operatorname{Im} w < \pi\}$ となる．

問題 1.2 （1） $\zeta = \pi i z/\alpha$ で D は $\{0 < \operatorname{Im}\zeta < \pi\}$ へうつるから，$w = e^{\pi i z/\alpha}$ が求める関数となる．

（2） $\zeta = e^{(\pi/\alpha)z}$ によって D は ζ 平面の領域 $E = \{\zeta; |\zeta| > 1, 0 < \operatorname{Arg}\zeta < \pi\}$ にうつる．$v = \zeta + 1/\zeta$ によって E は $\{v; \operatorname{Im} v > 0\}$ となるから求める関数は $w = \cosh(\pi z/\alpha)$ となる．

問題 2.1 $z = x + iy$ として $\zeta = z^2$ とおく．$\operatorname{Im}\zeta = 2xy$ だから，この領域 D の点 z は ζ 平面の帯状領域 $\{0 < \operatorname{Im}\zeta < 2\}$ へ写像される．つぎに $w = e^{\pi\zeta/2}$ とすると上の帯状領域は w 平面の上半平面 $\operatorname{Im} w > 0$ へ写像される．したがって $w = e^{\pi z^2/2}$ が求める関数となる．

問題 3.1 定理 4 で $a_1 = -1, a_2 = 1$, および $\alpha_1 = 1/2, \alpha_2 = 1/2$ とすると，

$$w = f(z) = C \int_0^z (t+1)^{-\frac{1}{2}}(t-1)^{-\frac{1}{2}} dt + C'$$

は上半平面を D の内部に写像する．$C'' = C \cdot e^{-\frac{\pi}{2}i}$ とすると

$$f(z) = C'' \int_0^z \frac{dt}{\sqrt{1-t^2}} + C'$$

となる．この中の不定積分 $F(z) = \displaystyle\int_0^z \frac{dt}{\sqrt{1-t^2}}$ は $\sqrt{1-t^2}$ の主値をとると $|z| < 1$ で正則となる．とくに z が実数のとき $F(z) = \sin^{-1}(z)$ より，$F(-1) = -\pi/2, F(1) = \pi/2$ となるから $C'' = 1, C' = 0$ となり

$$f(z) = F(z) = \int_0^z \frac{dt}{\sqrt{1-t^2}}$$

が求める関数となる.

問題 4.1 $f(z) = u(x,y) + iv(x,y)$ とおく. 写像 $u = u(x,y), v = v(x,y)$ によって D は Δ に1対1にうつされるから, Δ の面積 $m(\Delta)$ は

$$m(\Delta) = \iint_\Delta du\,dv = \iint_D \left|\frac{\partial(u,v)}{\partial(x,y)}\right| dxdy$$

となる. ヤコビアンを計算すると, コーシー・リーマンの関係式より

$$\frac{\partial(u,v)}{\partial(x,y)} = \begin{vmatrix} u_x & u_y \\ v_x & v_y \end{vmatrix} = \begin{vmatrix} u_x & -v_x \\ v_x & u_x \end{vmatrix} = u_x^2 + v_x^2 = |f'(z)|^2$$

となるから

$$\Delta \text{の面積} = \iint_D |f'(z)|^2 dx\,dy$$

問題 4.2 (1) 一般に正則な関数 $f(z)$ に対して, $f'(z) = f_x(z) = f_y(z)/i$ となる. 定理5(1)より $g(z) = u_x - iu_y$ は正則関数となり, $g(z)$ は何回でも微分できるから $u(x,y)$ もまた何回でも (偏) 微分でき (1) が示される.

(2) $g^{(k+l)}(z) = \dfrac{1}{i^l}\left(\dfrac{\partial^{k+l}}{\partial x^k \partial y^l}u_x(x,y) - i\dfrac{\partial^{k+l}}{\partial x^k \partial y^l}u_y(x,y)\right)$ $(0 \leq k,l)$ が成り立つから $u(x,y)$ の任意階の偏導関数は調和関数となる.

問題 5.1 1次変換 $w = i\dfrac{1+z}{1-z}$ によって z 平面の単位円の内部は w 平面の上半平面に写像される. このとき境界条件は

$$h(u,0) = \begin{cases} 1 & (u < 0) \\ 0 & (u > 0) \end{cases}$$

となる. 例題5 (1) より, この境界条件をみたす有界な調和関数 $h(u,v)$ は

$$h(u,v) = \frac{1}{\pi}\text{Arg}\,(u+iv) = \frac{1}{\pi}\tan^{-1}\left(\frac{v}{u}\right)$$

で与えられる. ただし, $0 \leq \tan^{-1}\left(\dfrac{v}{u}\right) \leq \pi$ とする. $i\dfrac{1+z}{1-z}$ の実部と虚部は

$$u = -\frac{2y}{x^2+y^2-2x+1}, \quad v = \frac{1-x^2-y^2}{x^2+y^2-2x+1}$$

となるから求める関数は

$$H(x,y) = \frac{1}{\pi}\tan^{-1}\left(\frac{x^2+y^2-1}{2y}\right)$$

第7章演習問題

第 7 章の解答

演習 1 $\zeta = z^3$ とおくと，$\arg \zeta = 3 \arg z$ となり，D は上半平面 $\{0 < \arg \zeta < \pi\}$ にうつされる．つぎに $w = \dfrac{\zeta - i}{\zeta + i}$ とおくと，これは上半平面 $\mathrm{Im}\,\zeta > 0$ を単位円内部 $|w| < 1$ に写像する．なぜなら，ζ が実数のとき $|w| = 1$ となり，$\zeta = i$ のとき $w = 0$ となることより確かめられる．したがって

$$w = \frac{z^3 - i}{z^3 + i}$$

が求める関数となる．

演習 2 領域 D を平行移動と回転を組み合わせた関数 $\zeta = e^{i\pi/4}\{z - (1+i)\}$ によって，右図のような ζ 平面の領域 E にうつされる．つぎに $w = \dfrac{1}{\sqrt{2}}\left(\zeta + \dfrac{1}{\zeta}\right)$ によって，領域 E を w 平面の上半平面 $\mathrm{Im}\,w > 0$ へ写像する．これらを合成して

$$w = \frac{iz^2 + 2(1-i)z - 1}{(1+i)z - 2i}$$

が求める正則関数となる．

演習 3 定理 4 で $a_1 = -1$, $a_2 = 0$, $a_3 = 1$, および $\alpha_1 = 1/4$, $\alpha_2 = 1/4$, $\alpha_3 = 1/2$ とおくと，

$$w = f(z) = C \int_0^z (t+1)^{-\frac{3}{4}} t^{-\frac{3}{4}} (t-1)^{-\frac{1}{2}} dt + C'$$

仮定より $f(0) = 1$ より $C' = 1$，また条件 $f(-1) = -1$ より，C が求まる．よって求める関数は

$$w = f(z) = C \int_0^z (t+1)^{-\frac{3}{4}} t^{-\frac{3}{4}} (t-1)^{-\frac{1}{2}} dt + 1 \quad (C \text{ は確定値})$$

演習 4 （1） 正則関数 z^2 の実部 $x^2 - y^2$ は $D = \{(x,y); x^2 + y^2 < 1\}$ で調和となる．円周上 $x^2 + y^2 = 1$ では $2x^2 - 1$ に等しい．したがって求める関数は

$$u(x,y) = \frac{1}{2}(x^2 - y^2 + 1)$$

（2） $z^3 = (x+iy)^3$ の虚部は $3x^2 y - y^3$ となり，$D = \{(x,y); x^2 + y^2 < 1\}$ で調和となる．そして円周上 $x^2 + y^2 = 1$ では，$3(1 - y^2)y - y^3 = 3y - 4y^3$ となる．したがって求める関数 $u(x,y)$ は y が D で調和より

$$u(x,y) = \frac{1}{4}(3y - 3x^2 y + y^3)$$

演習 5 $h_1(x,y)$ を上半平面で調和で境界条件 $h_1(x,0) = 0\,(x > \alpha_1)$, $h_1(x,0) = 1\,(x < \alpha_1)$ をみたす関数とすると

$$h_1(x,y) = \frac{1}{\pi}\operatorname{Im}\operatorname{Log}(z - \alpha_1) = \frac{1}{\pi}\operatorname{Arg}(x - \alpha_1 + iy)$$

同様に $h_2(x,y)$ をつぎのようにおく．

$$h_2(x,y) = \frac{1}{\pi}\operatorname{Arg}(x - \alpha_2 + iy)$$

定数は調和関数だから求める関数 $h(x,y)$ は

$$\begin{aligned}h(x,y) &= 1 + h_2(x,y) - 3h_1(x,y) \\ &= 1 + \frac{1}{\pi}\operatorname{Arg}(x - \alpha_2 + iy) - \frac{3}{\pi}\operatorname{Arg}(x - \alpha_1 + iy)\end{aligned}$$

となる．

索引

あ 行
位数　69
1次関数　33
一様収束する　41
一致の定理　70, 102

円円対応　33
円環領域　76

オイラーの公式　44

か 行
開集合　14
解析関数　70
解析接続　70
外点　14
回転角　38
拡大係数　38
拡張された複素数平面　15
加法定理　45
関数の連続性　19

境界　14
境界値問題　102
境界点　14
鏡像　34
共役調和関数　25
共役複素数　1
極　77
極形式　2
曲線　14, 53
極の位数　77
虚数単位　1
虚部　1

区分的に滑らかな曲線　53

原始関数　54

コーシー・アダマールの公式　40
コーシーの収束条件　10
コーシーの主値積分　87
コーシーの積分公式　63
コーシーの積分定理　58
コーシーの不等式　63
コーシー・リーマンの方程式　24
弧状連結　14
孤立特異点　77

さ 行
最大最小値の原理　102
最大値の原理　64
三角関数　45
三角不等式　1

C と $\widetilde{C}$ の交角　30
指数関数　44
実部　1
シュヴァルツ・クリストッフェルの関数　98
シュヴァルツの定理　64
主値　49
主要部　77
ジョルダンの不等式　23
真性特異点　77

数列　9

整関数　63
整級数　39
整級数の微分　40

正弦関数　45
正則関数　25
正の向き　53
絶対収束級数　10
絶対値　1
z^c の主値　49
線分比一定　30

像　19
双曲線関数　45

た 行

第一種実楕円積分　98
代数学の基本定理　63
対数関数　49
ダランベールの公式　40
ダランベールの判定法　10
単連結　14

調和関数　25
調和多項式　25

テーラー級数　41
テーラー展開　69

等角　30
導関数　25
特異点　70
ド・モアブルの公式　2

な 行

内点　14

は 行

比較判定法　10
非調和比　33
微分係数　24

複素積分　53
複素関数　19
複素数　1
複素数平面　1
複素数列　9

不定積分　58
不動点　35

平均値定理　63
閉集合　14
閉包　14
べき級数　39
微分可能　24
ベルヌイの数　80
偏角　2
偏角の原理　92
偏角の主値　2

ポアソンの積分公式　64

ま 行

マクローリン級数　41
マクローリン展開　69

無限遠点　15
無限遠点でのローラン展開　81
無限遠点における留数　83
無限級数　9
無限級数の和　9

や 行

有界　20
優級数定理　41
有理関数の積分　86
有理関数のフーリエ積分　86

余弦関数　45

ら 行

リーマンの写像定理　97
リウヴィルの定理　63
立体射影　15
留数　83
留数定理　83

累乗関数　49
ルーシェの定理　92

索　　引

零点　69
連続　19

ローラン級数　76
ローラン展開　76

著 者 略 歴

寺 田 文 行
（てら　だ　ふみ　ゆき）

1948年　東北帝国大学理学部数学科卒業
2016年　逝去
　　　　早稲田大学名誉教授
　　　　理学博士

田 中 純 一
（た　なか　じゅん　いち）

1974年　早稲田大学大学院理工学研究科修士課程修了
現　在　早稲田大学教育学部教授
　　　　理学博士

新・演習数学ライブラリ＝4
演習と応用 関数論

2000年 7月10日 ©　　　　　初版発行
2019年 4月10日　　　　　　 初版第5刷発行

著　者　寺田文行　　　　発行者　森平敏孝
　　　　田中純一　　　　印刷者　馬場信幸
　　　　　　　　　　　　製本者　米良孝司

発行所　株式会社 サイエンス社

〒151-0051 東京都渋谷区千駄ヶ谷1丁目3番25号
営業 ☎ (03) 5474-8500 (代)　振替 00170-7-2387
編集 ☎ (03) 5474-8600 (代)
FAX ☎ (03) 5474-8900

印刷　三美印刷　　　　製本　ブックアート

《検印省略》

本書の内容を無断で複写複製することは，著作者および
出版者の権利を侵害することがありますので，その場合
にはあらかじめ小社あて許諾をお求め下さい．

ISBN4-7819-0951-5

PRINTED IN JAPAN

サイエンス社のホームページのご案内
https://www.saiensu.co.jp
ご意見・ご要望は
rikei@saiensu.co.jp まで．

━━━━ライブラリ理工基礎数学━━━━

線形代数の基礎
　　　　　寺田・木村共著　２色刷・Ａ５・本体1480円

微分積分の基礎
　　　　　寺田・中村共著　２色刷・Ａ５・本体1480円

複素関数の基礎
　　　　　　　寺田文行著　Ａ５・本体1600円

微分方程式の基礎
　　　　　　　寺田文行著　Ａ５・本体1200円

フーリエ解析・ラプラス変換
　　　　　　　寺田文行著　Ａ５・本体1200円

ベクトル解析の基礎
　　　　　寺田・木村共著　Ａ５・本体1250円

情報数学の基礎
　　　寺田・中村・釈氏・松居共著　Ａ５・本体1600円

　＊表示価格は全て税抜きです．

━━━━━サイエンス社━━━━━

━━━━━新版 演習数学ライブラリ━━━━━

新版 演習線形代数
寺田文行著　2色刷・A5・本体1980円

新版 演習微分積分
寺田・坂田共著　2色刷・A5・本体1850円

新版 演習微分方程式
寺田・坂田共著　2色刷・A5・本体1900円

新版 演習ベクトル解析
寺田・坂田共著　2色刷・A5・本体1700円

＊表示価格は全て税抜きです．

━━━━━サイエンス社━━━━━

線形代数演習 ［新訂版］
　　　　　横井・尼野共著　　Ａ５・本体1980円

理工基礎　演習　微分積分
　　　　　米田　元著　　２色刷・Ａ５・本体1850円

解析演習
　　　　　野本・岸共著　　Ａ５・本体1845円

微分方程式演習 ［新訂版］
　　　　　加藤・三宅共著　　Ａ５・本体1950円

関数論演習
　　　　　藤家・岸共著　　Ａ５・本体1942円

代数演習 ［新訂版］
　　　　　横井・硲野共著　　Ａ５・本体1950円

数値解析演習
　　　　　山本・北川共著　　Ａ５・本体1900円

理工基礎　演習　集合と位相
　　　　　鈴木晋一著　　２色刷・Ａ５・本体1850円

集合・位相演習
　　　　　篠田・米澤共著　　Ａ５・本体1800円

　　＊表示価格は全て税抜きです．

サイエンス社

公　式

テーラー展開　$f(z)$ を領域 D で正則とする．D の点 a に対し D に含まれる最大の開円板を $|z-a|<r$ とするとき

$$f(z) = \sum_{n=0}^{\infty} \frac{f^{(n)}(a)}{n!}(z-a)^n \quad (|z-a|<r)$$

初等関数のマクローリン展開

$$\cos z = \sum_{n=0}^{\infty} \frac{(-1)^n}{(2n)!}z^{2n} \quad (|z|<\infty), \quad \sin z = \sum_{n=0}^{\infty} \frac{(-1)^n}{(2n+1)!}z^{2n+1} \quad (|z|<\infty)$$

ローラン展開

$f(z)$ が円環領域 $D = \{r_1 < |z-a| < r_2\}$ で正則ならば

$$f(z) = \sum_{n=0}^{\infty} c_n(z-a)^n + \sum_{n=1}^{\infty} \frac{c_{-n}}{(z-a)^n} = \sum_{n=-\infty}^{\infty} c_n(z-a)^n$$

と展開される．このとき C を D に含まれる中心 a の円とすれば

$$c_n = \frac{1}{2\pi i}\int_C \frac{f(\zeta)}{(\zeta-a)^{n+1}}d\zeta \quad (n=0,\pm 1,\dots)$$

留数　$f(z)$ を $\{0<|z-a|<r\}$ で正則な関数とする．このとき a における $f(z)$ の留数 $\mathrm{Res}\,(f(z);a)$ は，

$$\mathrm{Res}\,(f(z);a) = c_{-1} = \frac{1}{2\pi i}\int_C f(z)\,dz$$

ただし C は a を囲む閉曲線とする．

$f(z)$ が $a\neq\infty$ を位数 p の極とするとき

$$\mathrm{Res}\,(f(z);a) = \frac{1}{(p-1)!}\lim_{z\to a}\left\{\frac{d^{p-1}}{dz^{p-1}}\{(z-a)f(z)\}\right\}$$

留数定理

D が閉曲線 C で囲まれた領域とする．$f(z)$ が D 内の有限個の点 $a_1,\dots,a_p$ を特異点とし，それ以外の D の点と C で正則ならば

$$\int_C f(z)\,dz = 2\pi i \sum_{j=1}^{p} \mathrm{Res}\,(f(z),a_j)$$